Carolin Wagner

Beschäftigung für Papageien und Sittiche

Ideen und Tipps für jeden Tag

Arndt-Verlag

Impressum

Carolin Wagner:
Beschäftigung für Papageien und Sittiche
– Ideen und Tipps für jeden Tag

1. Auflage (2011)
Arndt-Verlag
Brückenfeldstr. 28
75015 Bretten

ISBN 978-3-9813383-4-8

Gesamtgestaltung:

Thomas Arndt

Lektorat:

Walter Weinberger

Druck:

Kraft Druck GmbH, Ettlingen

Bildnachweis:

Arndt, Thomas.: 3, 5, 7, 11, 12 rechts, 13-17, 25, 26, 37, 57, 65, 82, 88, 90, 92, 94-96, 97 rechts
Bechara, Andrea: 8, 49, 58
Berg, Ralf: 23, 41 rechts, 43 rechts, 70 rechts, 84, 99 rechts
Bürger, Stefanie: 33 oben, 54 links, 60 rechts oben u. unten, 63, 71, 99 links, 89 links, 100
Ebel, Edith: 32, 47, 74 rechts oben, 78 rechts oben, 87
Koch, Uschi: 80 rechts unten, 85, 86
Schnier, Lutz: 91
Schöttke, Sigrid: 52, 60 links, 64 links, 93 unten
Strähler, Verena: 61, 70 links, 73 rechts, 74 rechts unten
Theuerkauf, Liane: 10 rechts, 24, 29, 36, 44 rechts, 45 links, 54 rechts, 83, 98 links
Wagner, Carolin: 9, 10 links, 20-22, S. 27-28, 31, 34, 38-40, 41 links, 44 links, 45 rechts, 46, 50, 53, 55-56, 59, 62, 64 oben, 68-69, 72, 73 links, 74 links, 75, 77 links oben und unten, 78 links, 79, 80 links und rechts oben, 81, 97 links
Weber, Carmen: 12 links, 19, 30, 33 unten, 35, 43 links, 48, 51, 64 rechts unten, 66-67, 76, 77 rechts, 93 oben, 98 rechts
Wessely, Britta: 18, 89 rechts

Titelbilder: Thomas Arndt (rechts), Carolin Wagner (links oben), Stefanie Bürger (links unten)

Rechts: Grünzügelpapageien

werden bei Vogelhaltern immer beliebter

Inhalt

Inhalt

Sonnensittiche

sind verspielt und wollen beschäftigt werden.

Vorwort

Liebe Heim- und Ziervogelhalter,

Papageien und Sittiche sind faszinierende Wesen, deren Schönheit und oft drollige Verhaltensweise uns Halter täglich aufs Neue begeistern.

Es gibt zwar bereits zahlreiche Bücher, die sich mit der Anschaffung und Eingewöhnung von Papageien und Sittichen, mit ihrer Haltung sowie eventuell auftretenden Krankheiten befassen; jedoch gibt es wenig Lektüre in diesem Bereich, welche sich ausführlich dem Faktor „Beschäftigung“ widmet, obwohl gerade dieser Thematik eine äußerst wichtige Rolle zukommt. Aus diesem Grunde habe ich mich dazu entschlossen, speziell zu den Möglichkeiten der täglichen, abwechslungsreichen Beschäftigung und damit auch zur Steigerung des Wohlbefindens unserer Heim- und Ziervögel Vorschläge zusammenzutragen.

Sinn und Zweck dieses Buches ist es, Ihnen als Vogelhalter aufzuzeigen, welche Möglichkeiten Sie haben, den Alltag mit Ihrem Papagei oder Sittich aktiv, fröhlich und abwechslungsreich zu gestalten. Es soll Ihnen helfen, Schritt für Schritt Neues mit Ihrem Vogel zu entdecken, den Beschäftigungsgrad sowie das Wohlbefinden Ihres gefiederten Pfleglings zu steigern und gemeinsam Spaß zu haben. Es soll aber auch zeigen, wie sich Ihr Vogel beispielsweise während Ihrer Abwesenheit die Zeit vertreiben kann.

Papageien sind hochintelligente Wesen, die gerne gefordert und beschäftigt sein wollen. Sie gehören zu den intelligentesten Vertretern in der Vogelwelt. Aber auch die kleineren Spezies, die Sittiche, benötigen sinnvolle Beschäftigung, um geistig und körperlich fit und gesund zu bleiben.

Links: Der Halsbandsittich ...

... ist ein interessanter Pflegling, er wird in seinen Haltungsansprüchen aber oft unterschätzt.

Unsere Pfleglinge können nicht wie wir Menschen das Haus verlassen, um Neues zu erleben und frische Eindrücke zu sammeln – ihre Umgebung verändert sich also kaum. Darum sollten wir als verantwortungsbewusste Pfleger den Alltag unserer Vögel einfallsreich ausfüllen und den Tieren stets die Möglichkeit geben, sich intensiv beschäftigen zu können. Das kommt nicht nur dem Wohlergehen des Vogels zugute, sondern wird auch Ihnen als Halter eine Menge Freude bereiten.

Erfahren Sie anhand dieses Buches, wie leicht es sein kann, dem täglichen Einerlei zu trotzen. Lassen Sie sich inspirieren, seien Sie kreativ und schärfen Sie Ihren Blick, um selbst immer neue Möglichkeiten zu finden, Ihren Vogel sinnvoll zu beschäftigen – denn physisch und psychisch geforderte Vögel sind gesünder, aktiver und ausgeglichener.

Bedanken möchte ich mich bei allen, die mich mit Rat, Informationen oder Bildaufnahmen bei diesem Buch unterstützt haben, insbesondere aber bei Herrn Walter Weinberger, der das Lektorat übernommen hat und dessen Anregungen eine wertvolle Hilfe waren.

Ich wünsche Ihnen viel Spaß beim Umsetzen der Ideen und viele vergnügliche Stunden mit Ihren gefiederten Freunden!

Carolin Wagner

Lienheim, April 2011

Carolin Wagner

Blaustirnamazonen

Kleine und große Persönlichkeiten

Ob Wellensittich, Ara oder Kakadu – jeder Vogel besitzt einen eigenen Charakter, und es ist schwierig, etwas innerhalb der Spezies zu verallgemeinern. Bestimmte Verhaltensmuster, Vorlieben und Bedürfnisse können den verschiedenen Arten und Gattungen jedoch zugeschrieben werden. Die bekanntesten und am häufigsten gehaltenen Heimvögel in Menschenobhut sind nachstehend aufgeführt. Diese Zusammenstellung gibt Ihnen wertvolle Hinweise, die Sie in der Umsetzung eines möglichst artgerechten Haltungssystems, und hier insbesondere im Hinblick auf die Beschäftigungsmöglichkeiten, unterstützen sollen.

Behalten Sie jedoch stets im Hinterkopf, dass jeder Sittich und jeder Papagei eine eigene Persönlichkeit ist, mit individuellen Merkmalen, Stärken und Schwächen. Was dem einen Vogel gefällt und auf ihn zutrifft, muss für einen anderen seiner Art noch lange nicht gelten.

Amazonen

(Heimat je nach Art: Argentinien, Bolivien, Brasilien, Ekuador, Kolumbien, Mexiko, Paraguay, Peru und Venezuela)

Amazonen verkörpern neben den Aras das „typische" Bild von bunten Papageien und sind unter den Heimvögeln weit verbreitet. Die überwiegend grün gefärbten Vögel sind meist von kräftiger Statur. Die bekannteste Art dieser Gattung ist die Blaustirnamazone, welche man häufig in Privathaltung antrifft.

Die drollig blickenden Augen der Amazonen, die Ähnlichkeit mit denen eines niedlichen Teddybären haben, täuschen gerne darüber hinweg, dass die Vertreter der grünen Farbe keinesfalls Kuscheltiere sind, sondern über einen sehr eigenwilligen Charakter verfügen. Sie stellen oftmals extreme Besitzansprüche an eine einzelne Person. Ist dies der Fall, werden alle anderen Familienmitglieder bestenfalls geduldet. Aus diesem Grunde sollte man im Umgang mit Amazonen nie leichtsinnig oder unaufmerksam sein, besonders dann nicht, wenn man eben nicht die geliebte Bezugsperson ist.

Mitunter können Amazonen sehr laut werden, was in reiner Wohnungshaltung bedacht sein will.

Die Ernährung spielt bei Amazonen eine große Rolle. Da sie gerne eine gewisse Trägheit an den Tag legen, neigen sie häufiger zu Übergewicht als andere Papageienarten. Dem sollte man mit konsequenter Ernährungsdisziplin entgegenwirken. Auch sollte den Vögeln sehr viel Spielzeug zur Verfügung gestellt werden, damit der Gedanke an eine ständige Nahrungsaufnahme etwas in den Hintergrund rückt und die Vögel zur Bewegung animiert werden. Der Nagetrieb ist bei Amazonen sehr stark ausgeprägt, was man als Halter in Be-

Gelbbrustaras

zug auf die Beschäftigungsmöglichkeiten nutzen sollte.

Aras

(Heimat je nach Art: mit Ausnahme von Chile in allen Ländern Süd- und Mittelamerikas)

Der bekannteste Vertreter ist sicherlich der *Ara ararauna*, der Gelbbrustara, mit seinem hübschen blau-gelben Gefieder. In etlichen Mantel- und Degenfilmen konnte man solche Exemplare auf den Schultern von Piraten bewundern. Nicht minder prächtig sind die anderen Arten wie z.B. der Hellrote Ara, der Dunkelrote Ara, der Rotbauch- und Rotrückenara oder auch der Hahns Zwergara.

Mit bis zu 100 cm Gesamtlänge stellt der dunkelblau befiederte Hyazinthara den größten Vertreter innerhalb der Papageienfamilie dar. Diese Vögel findet man aufgrund ihrer Seltenheit kaum in Privathand, des Bekanntheitsgrades wegen sei er hier jedoch ebenfalls erwähnt.

Alle Aras benötigen aufgrund ihrer Körpergröße und Flügelspannweite sehr viel Platz. Um den Bedürfnissen wirklich gerecht zu werden, sollte eine große Voliere zur Verfügung stehen, in der die Vögel bisweilen einige Meter zurücklegen können.

Aras sind sehr schlau, neugierig und wollen gut beschäftigt sein. Besonders Spielzeuge und Beschäftigungsmöglichkeiten, welche die Intelligenz fordern, sind bei ihnen sehr beliebt. Der Nagetrieb aller Aras ist sehr stark ausgeprägt, was sich der menschliche Pfleger zu Nutze machen kann. Wer hier entsprechende Möglichkeiten bietet, sichert eine langzeitliche Beschäftigung. Aras sind sehr gesellige Papageien, die sich im Gruppenverband besonders wohl fühlen. Ein fest liiertes Arapaar hält seine Bindung oft ein Leben lang.

Graupapageien

links ist der „normale“ Graupapagei, rechts der Timneh-Graupapagei zu sehen.

Graupapageien

(Heimat: mittleres und westliches Afrika; Timneh-Graupapagei: Sierra Leone, Liberia und Elfenbeinküste)

Sein enormes Imitationstalent und sein oft drolliges Verhalten sind legendär, und so verwundert es nicht, dass der Graupapagei als Heimvogel mindestens so stark vertreten ist wie die Amazonen.

Mehrheitlich trifft man auf den Kongo-Graupapagei (silber- bis dunkelgrau mit scharlachroten Schwanzfedern und schwarzem Schnabel), wogegen der etwas kleinere Timneh-Graupapagei (dunkelgrau mit rostbraunen Schwanzfedern und hornfarbenem Schnabel) wesentlich seltener als Heimvogel anzutreffen ist und heute eine eigene Art darstellt.

Graupapageien sind echte Kobolde; in reiner Wohnungshaltung zeigen sie sich sehr verspielt, fluggewandt, und sie haben ständig „Unsinn“ im Kopf. Nichts ist vor ihnen sicher, alles muss – nach anfänglich meist großer Scheu – untersucht und beobachtet werden. Sie sind sehr intelligente und sensible Geschöpfe. Leider wird der Graupapagei oftmals in seinen Ansprüchen unterschätzt, und falsche Haltungsbedingungen, insbesondere der Mangel an Spiel- und Beschäftigungsmöglichkeiten, führen bei diesem sensiblen Wesen schnell zu psychischen Störungen. Graupapageien sind gesellige Vögel, die gerne im Verband leben. Sie können jedoch bei der Wahl ihres Partners und ihrer Freunde mitunter sehr wählerisch sein.

Mohrenkopf- und andere Langflügelpapageien

(Heimat: Afrika)

Mohrenkopfpapageien sind die bekanntesten Vertreter der Gattung der Langflügelpapageien, zu denen noch Rotbauch-, Goldbug-, Braunkopf-, Gelbstirnmohrenkopf-, Rüppells oder die deutlich

größeren Graukopf-, Kap- und Kongo-Papageien gerechnet werden.

Mohrenkopfpapageien selbst sind relativ kleine Papageien, die mit ihrem bunten Gefieder (hellgrün, gelber Bauch, grauer Kopf) äußerst interessant und ansprechend wirken. Es sind sehr aktive, muntere Vögel, die durchaus ihren eigenen Kopf haben und manches Mal ein etwas ruppiges Verhalten zeigen.

Obwohl sie nicht sonderlich groß sind, können sie wie alle Langflügelpapageien zeitweise sehr laut werden, was bei einer reinen Wohnungshaltung unangenehm sein kann. Auch im Nagebedürfnis stehen sie den Großpapageien in nichts nach, was aufgrund ihres zierlichen Erscheinungsbildes leider nicht immer berücksichtigt wird.

Alle Langflügelpapageien sind exzellente Flieger, die keinesfalls im kleinen Käfig leben sollten, da sie dann sehr anfällig für psychische Störungen sind.

Unzertrennliche

(Heimat je nach Art: West- und Zentralafrika, Madagaskar)

Unzertrennliche, auch Agaporniden genannt, gehören mit einer Körpergröße von 13 cm bis 17 cm zu den kleinsten Papageienarten, und seit vielen Jahren sind die quirligen Gesellen aus der Heimvogelhaltung nicht mehr wegzudenken.

Alle Unzertrennlichen besitzen ein grünes Grundgefieder mit einer, je nach Art, unterschiedlich gefärbten Gesichtsmaske. Männchen und Weibchen lassen sich, abgesehen vom Taranta-Papagei, Grau- und Orangeköpfchen, äußerlich nicht unterscheiden. Zu den bekanntesten Unzertrennlichen gehören mit Sicherheit die Schwarzköpfchen sowie die Pfirsichköpfchen, die bei Züchtern, aber auch in Privathaushalten weit verbreitet sind.

Agaporniden entwickeln zu ihrem Partnervogel eine sehr enge Bindung, die meist ein Leben lang

Mohrenkopfpapagei und Pfirsichköpfchen

zählen zu den Vögeln, deren Haltungsansprüche oft unterschätzt werden.

Weißhauben- und Palmkakadu

zählen zu den anspruchvollsten Pfleglingen in der Papageienhaltung.

anhält – auch dann, wenn das Paar in einer Gruppe gehalten wird und die Möglichkeit des Partnerwechsels besteht. Dieser „Unzertrennlichkeit" verdanken die kleinen Papageien ihren Namen. Im Englischen heißen sie sogar „Lovebirds".

Es ist wichtig, diesen fluggewandten, nagefreudigen Kobolden ausreichend Platz und Beschäftigung anzubieten. Besonders in Zeiten der Brutstimmung ist es unabdingbar, allen Tieren die Möglichkeit zu geben, einander ausweichen zu können, da es ansonsten schnell zu Aggressionen und Streitereien kommen kann. Von einer Vergesellschaftung mit anderen Arten wie beispielsweise Nymphen- oder Wellensittichen ist abzuraten! Agaporniden können sehr rabiat und dominant auftreten. Die Verletzungsgefahr für andere Vögel ist sehr groß, selbst dann, wenn diese körperlich kräftiger erscheinen mögen.

Kakadus

(Heimat je nach Art: Australien, Tasmanien, Neuguinea, Indonesien, Philippinen und die Salomonen-Inseln)

Kakadus sind wunderschön anzuschauen mit ihrem meist schneeweißen Gefieder, den bezaubernden schwarzen Kulleraugen und der wunderschönen Haube, die sie je nach Stimmung gerne zeigen. Auch die Rosakakadus bieten mit ihrer außergewöhnlichen Gefiederfärbung eine interessante Erscheinung. Die nahezu schwarzen Vertreter, die Palmkakadus, sind sehr selten in Privathand anzutreffen.

Man sollte niemals vergessen, dass sich hinter dem „Kuscheloutfit" aller Kakadus Vertreter der anspruchsvollsten, sensibelsten Papageienarten verbergen, deren Bedürfnissen gerecht zu werden mitunter sehr anstrengend sein kann.

Kakadus sind extrem stimmgewaltig, haben ein sehr stark ausgeprägtes Nage- und Spielbedürfnis und schließen sich, manchmal über alle Maßen, eng ihrem Pfleger an. Auch brauchen Kakadus, ähnlich wie die Aras, sehr viel Platz und Bewegungsfreiheit.

Das zur Verfügung gestellte Spielzeug muss qualitativ hochwertig sein und einiges aushalten kön-

nen, denn Kakaduschnäbeln hält auf Dauer kaum etwas stand. Nichts ist einem Kakadu zu knifflig oder zu schwierig. Einfallsreichtum und Abwechslung sind bei Kakadus somit besonders gefragt, ebenso wie Einfühlungsvermögen und ein großer Erfahrungsschatz in der Papageienhaltung.

Nymphensittiche

(Heimat: Australien)

Nymphensittiche gehören neben den Wellensittichen zu den am häufigsten gehaltenen Sittichen in menschlicher Obhut. Das Gefieder der Nymphensittiche ist überwiegend grau in sämtlichen Nuancen, der Kopf der männlichen Tiere ist gelb mit dem so typischen rot-orangefarbigen Ohrfleck. Das Gefieder der Weibchen ist weniger farbintensiv, und der Kopf ist nicht komplett gelb – die „Maske“ ist nur leicht bis gar nicht vorhanden.

Es sind allgemein friedfertige Tiere, die auch in Volieren mit gemischter Sittichbesetzung gut zurechtkommen, wenn genügend Platz vorhanden ist. Sie werden in der Regel schnell zutraulich und zahm, und einige Vertreter können wie ihre großen Verwandten, die Kakadus, sogar ein paar Worte nachahmen. Nymphensittiche sind äußerst fluggewandt, weshalb man sie keineswegs in beengten Verhältnissen halten sollte. Sie sind sehr verspielt und neugierig, Langeweile darf bei den munteren Gesellen also nicht aufkommen. Ihr Nagebedürfnis ist ähnlich dem der Wellensittiche, jedoch nicht ganz so stark ausgeprägt. Bekannt sind die agilen Nymphensittiche vor allem für ihren oft vorgetragenen, etwas schrillen und monotonen Ruf.

Wellensittiche

(Heimat: Australien)

Vor über 200 Jahren von den Naturforschern Shaw und Nodder entdeckt, erfreuen sich Wellensittiche schon seit Jahrzehnten in den Wohnzimmern vieler Vogelliebhaber größter Beliebtheit. Glücklicherweise haben sich die Zeiten und somit die Haltungsbedingungen geändert. Ungern denkt man zurück an einzeln gehaltene Wellensittiche, die verzweifelt und unermüdlich ihr Spiegelbild

Nymphensittiche und Wellensittiche

sind beliebte Heimvögel, die beide relativ „pflegeleicht“ sind.

Rosella- und Glanzsittich

zählen zu den farbenprächtigsten Vertretern der australischen Sittiche.

anbalzten. Die Intelligenz dieser possierlichen Tiere und ihr Bedürfnis nach Beschäftigung werden heute zum Glück meist richtig eingeschätzt. Die putzigen Kobolde sind äußerst sozial und leben gerne im großen Verband. Ihre Lautäußerungen sind mit denen eines ständig laufenden, leise eingestellten Radios zu vergleichen. Es sind keine lauten Vögel, jedoch steht ihr Schnabel so gut wie niemals still. Den ganzen Tag flüstern und tschilpen sie vor sich hin. Wellensittiche können sehr zutraulich sein und werden mit etwas Geduld auch ganz besonders zahm. Ihr Spiel- und Nagetrieb ist stark ausgeprägt, und sie sind exzellente Flieger, weshalb auch für diese kleinen Gesellen regelmäßiger Freiflug in der Wohnung oder die Haltung in einer geräumigen Voliere unverzichtbar ist.

Australische Sittiche

(Herkunft je nach Art: Australien, Neuseeland)

Zu dieser großen Gruppe zählen solch farbenfrohe Vögel wie die Plattschweifsittiche, von denen der Rosella- und der Pennantsittich immer beliebter werden. Weniger häufig anzutreffen sind der Bauers Ringsittich oder der Barnardsittich. Zu den kleineren Vertretern zählen Vielfarben- und Singsittich, aber auch die Grassittiche. Unter den letzten fallen besonders die dezent gefärbten Bourke- und Schönsittiche sowie der Glanzsittich auf, der eine leuchtend rote Brustfärbung aufweist. Ihnen allen ist gemeinsam, dass es ruhige Tiere sind, deren oft feine Stimme wenig stört.

Vor allem die kleinen Grassittiche können auch in einer gemischten Gruppe mit Wellen- und Nymphensittichen zusammengehalten werden.

Hervorheben möchte ich hier den Australischen Königssittich, der mit einer Körpergröße von etwa 40 cm bis 43 cm eine der imposantesten Erscheinungen unter den australischen Sittichen darstellt. Kopf, Hals und Körperunterseite sind bei den Männchen nach Eintritt der Geschlechtsreife scharlachrot befiedert. Das Nagebedürfnis der Königssittiche ist nicht so stark ausgeprägt, wie dies bei den meisten anderen australischen Sittichen der Fall ist. Dennoch sollte man es nicht versäumen, regelmäßig frische Äste und Zweige zur Beschäftigung anzubieten.

Königssittiche sind sehr geschickte und wendige Flieger, die sich in großen Volieren besonders wohl fühlen.

Ein beliebter Heimvogel aus den Reihen der „Australier" ist der Ziegensittich, der eigentlich aus Neuseeland stammt. Ihren Namen verdankt diese verspielte, äußerst neugierige Art ihren Lautäußerungen, die dem Gemecker einer Ziege sehr ähneln. Klettermöglichkeiten in Form von Ästen, Zweigen, Seilen sowie andere Spiel- und Beschäftigungsmöglichkeiten sollte man den bewegungsfreudigen Ziegensittichen stets anbieten. Während der Balz- und Brutzeit können sie artfremden Individuen gegenüber sehr aggressiv auftreten – dies sollte bei der Gemeinschaftshaltung mit anderen Sittichen bedacht werden.

Edelsittiche

(Herkunft je nach Art: Asien, Afrika)

Zu den Edelsittichen zählt eine Vielzahl an meist mittelgroßen Sittichen, zu denen der Pflaumenkopf-, der Rosenkopf- oder der Graukopfedelsittich gehören, um nur einige zu nennen. Mit etwa 55 bis 58 cm ist der Große Alexandersittich der größte Vertreter der Gattung. Es sind sehr agile, flugfreudige Sittiche, die viel Platz benötigen und keinesfalls auf beengtem Raum gehalten werden dürfen. Ihr Nagebedürfnis ist sehr stark ausgeprägt, was im Rahmen der täglichen Beschäftigungsmöglichkeiten stets berücksichtigt werden sollte.

Halsbandsittiche, auch „Kleine Alexandersittiche" genannt, gehören mit ihren verschiedenen Unterarten und den unzähligen Farbmutationen sicherlich zu den beliebtesten Vertretern unter den Edelsittichen. Das Nagebedürfnis entspricht in etwa dem der Großen Alexandersittiche. Frische Äste und Zweige sowie Spiel- und Beschäftigungsmaterialien aus Holz sollten daher regelmäßig angeboten werden.

Südamerikanische Sittiche

(Herkunft je nach Art: Süd- und Mittelamerika)

Diese interessante Gruppe ist ein Sammelsurium an kleinen bis mittelgroßen Papageien mit langem

Halsband- und Sonnensittiche

sind die bekanntesten Vertreter ihrer Sittichgruppen.

Rotbauchsittiche

haben eine spektakuläre Gefiederfärbung.

Schwanz und einer meist kräftigen Stimme. Diese machen sie aber durch ihr aufgewecktes Wesen und ihre Verspieltheit mehr als wett. Unter den vielen Arten seien hier nur beispielhaft die bekanntesten und meist auch regelmäßig im Handel oder bei den Züchtern erhältlichen Vertreter aufgeführt:

Ihre orangegelbe Gefiederfärbung gab den Sonnensittichen, die einen hohen Bekanntheitsgrad unter den Südamerikanischen Sittichen haben, ihren Namen. Es sind sehr lebhafte und verspielte Vögel, die aufgrund ihrer Neugierde rasch zutraulich werden. Auch gehören sie zu den Sitticharten, die über ein gewisses Nachahmungstalent verfügen. Für eine reine Wohnungshaltung sind Sonnensittiche aufgrund ihrer lauten und sehr schrillen Rufe nicht für jedermann geeignet. Äste, Zweige und andere Dinge zur Beschäftigung nehmen sie gerne an, denn ihr Nagebedürfnis ist sehr stark ausgeprägt. Sonnensittiche fühlen sich im arteigenen Gruppenverband besonders wohl, da sie dann ihr enges Sozialverhalten voll ausleben können.

Im Gegensatz zu den Sonnensittichen gehören die kleinen Katharinasittiche, die häufig als Heimvögel anzutreffen sind und die ich somit gerne hier aufführe, eher zu den ruhigen Sitticharten. Aber auch sie lassen ihre Stimme (so wie alle Sittiche und Papageien) in den frühen Morgen- und Abendstunden gerne erklingen. Mit Vorliebe beschäftigen sich Katharinasittiche damit, gemeinsam im Geäst herumzuturnen und allerlei akrobatische „Verrenkungen“ zu machen. Katharinasittiche sind sehr friedfertig und gesellig, so dass Paare auch mit artfremden Sittichen wie beispielsweise Wellen- oder Nymphensittichpaaren gemeinsam gehalten werden können.

Nie langweilig wird es mit den Rotschwanzsittichen, deren farbenprächtigster Vertreter der Rotbauchsittich ist. Sowohl in Größe als auch in der Lautstärke nehmen sie eine Mittelstellung zwischen den Sonnen- und Katharinasittichen ein. Ihr Nagebedürfnis ist aber mindestens genau so stark ausgeprägt wie das der größeren „Südamerikaner“, sodass sie regelmäßig frische Zweige zum Benagen brauchen. Ihre Neugier und ihr Hang, alles untersuchen zu wollen, sorgen für ein spannendes Zusammenleben.

Rotsteiß- und Weißbauchpapageien

(Heimat: Süd- und Mittelamerika)

Vor einigen Jahren als Heimvogel noch weitgehend unbekannt, erfreuen sich die Rotsteißpapageien, allen voran der Schwarzohrpapagei, heute stetig wachsender Beliebtheit. Die Vertreter dieser Gattung sind nahe mit den Amazonen verwandt, sie verfügen jedoch über ein viel sanftmütigeres Wesen.

Schwarzohrpapageien sind überwiegend grün befiedert, Kopf, Nacken, Kehle und Brust sind blau. Zudem besitzen sie einen schwarzen Fleck in Höhe der Ohren – wie der Name bereits vermuten lässt. Es sind muntere, liebenswerte Papageien, die überdies sehr verspielt und fluggewandt sind. Ihr Nagebedürfnis ist nicht so stark ausgeprägt wie bei anderen Arten, gerne nehmen sie aber auch diese Möglichkeit des Zeitvertreibes an. Die „Öhrchen", wie sie unter Kennern häufig genannt werden, kann man als eher leise bis mittellaute Papageien bezeichnen, die von ihrer Stimme nicht so häufig Gebrauch machen. Sie sind jedoch sehr stressempfindlich und reagieren oft schon auf kleinste Veränderungen in ihrem Umfeld. Dies sollte bei einer Umgestaltung des Lebensraumes bzw. bei der Neuanschaffung von Spielzeug stets berücksichtigt werden.

Ein etwas robusteres Gemüt besitzen da schon der Grünzügel- und der Rostkappenpapagei, die sicherlich zu den Clowns unter den Papageien gezählt werden dürfen. Sie unterscheiden sich von den Rotsteißpapageien durch eine cremeweiße Bauch- und eine leuchtend orangefarbene Kopffärbung. Der Grünzügelpapagei (Bild auf Seite 3) weist zusätzlich noch eine schwarze Kappe und einen grünen Zügelbereich auf.

Diese intelligenten und äußerst sozialen Papageien dürfen nur paarweise oder in der Gruppe gehalten werden und benötigen ein umfangreiches Beschäftigungsangebot. Ihnen beim Spielen mit kleinen Holzstückchen oder beim Herumbalgen mit dem Partner zuzuschauen, ist ein Genuss und entschädigt sicherlich für die äußerst schrille Stimme, die sie regelmäßig hören lassen. sodass sie nur bedingt für eine Haltung in der Wohnung geeignet sind.

Schwarzohrpapageien

besitzen ein sanftmütiges Wesen.

Diese beiden Nymphensittiche genießen die Anwesenheit des gefiederten Freundes.

Sozialverhalten – das Leben mit Artgenossen

Papageien und Sittiche sind überaus gesellige Tiere, die das Alleinsein nicht gut verkraften. In ihren Heimatgebieten kann man sie oft in großen Gruppen, die mitunter aus mehreren hundert Tieren bestehen, beobachten. Die Vögel legen in der Natur viele Kilometer am Tag gemeinsam zurück, um zu ihren Nahrungs- und Schlafplätzen zu gelangen. Ein Großteil des Tages wird allein darauf verwendet. In großen Schwärmen wird gefressen, man widmet sich der eigenen und gegenseitigen Gefiederpflege, verbringt zusammen den Tag und sucht abends gemeinsam die Schlafplätze auf.

Das Leben im Schwarm bietet dem einzelnen Tier Schutz und Sicherheit. Instinktiv wird sich daher kein Papagei oder Sittich in freier Natur für ein „Einsiedlerleben" entscheiden. Die Paarbindung ist bei Sittichen, vor allem aber bei den größeren Papageienarten, meist stark ausgeprägt. Tiere, die sich nach Erreichen der Geschlechtsreife einmal zusammengeschlossen haben, leben mitunter viele Jahre oder ein Leben lang monogam.

Bedingungen wie in der freien Natur können wir Papageien und Sittichen in Menschenobhut nicht bieten; wenn man sich jedoch die dort vorherrschenden Gegebenheiten vor Augen führt, wird schnell klar, dass man einen Vogel als Heimtier folglich nicht alleine halten sollte. Unsere Heimvögel befinden sich zum Teil schon seit mehreren Generationen in Menschenobhut, dennoch haben sie zahlreiche Verhaltensweisen ihrer wild lebenden Verwandten bewahrt. Kein Wunder, denn genetisch gesehen sind sie identisch mit ihren frei lebenden Artgenossen – ein Aspekt, der uns Vogelhaltern zu denken geben sollte. Ein Leben mit Artgenossen ist somit für einen Krummschnabel instinktiv sicherlich beglückender und trägt an sich schon sehr viel zum Wohlbefinden und zur täglichen Beschäftigung des Vogels bei.

Natürlich ist der Mensch als soziale Komponente und als Freund wichtig, dennoch kann der Halter seinem Vogel den artgleichen Partner nicht wirklich ersetzen, auch wenn er sich dies noch so sehr wünscht. Die meisten von uns sind berufstätig, wir gehen einkaufen, zu Freunden oder Hobbys nach, wir werden auch mal krank oder müssen aus irgendwelchen Gründen das Haus stundenlang verlassen. Manch einer möchte auch nicht auf den wohlverdienten jährlichen Urlaub verzichten. Kurzum – viele, viele Stunden im langen Leben unseres Gesellschaft liebenden Vogels (Papageien erreichen leicht ein Alter von 40 Jahren und mehr) können wir nicht für ihn da sein.

Versetzen Sie sich bitte einmal in die Situation eines allein gehaltenen Heimvogels. Stellen Sie sich vor, wie lange drei Stunden sein können, wenn Sie nur so dasitzen und nicht wissen, womit Sie sich beschäftigen können; wenn Sie keine Möglichkeit haben, sich jemandem mitzuteilen, obwohl Ihnen gerade der Sinn danach steht; wenn Sie nicht verstehen, warum Ihr Schwarm Sie alleine zurückgelassen hat, obwohl Ihnen die Si-

Rosakakadus

Gemeinsam macht alles viel mehr Spaß!

cherheit und der Schutz der Gemeinschaft absolut wichtig sind. Eine nicht gerade angenehme Vorstellung? Es mag vielleicht alles ein wenig absurd klingen; diese Vorstellung vermittelt Ihnen jedoch eine andere Sichtweise – die Sichtweise eines einzeln gehaltenen Heimvogels, der viele (nicht nur drei) Stunden seines Lebens alleine verbringen muss. Auch wenn der Vogelhalter das eigentlich nicht möchte, aus den eingangs erwähnten Gründen ist es jedoch zwangsläufig so: Der Vogel ist Zeit seines Lebens etliche Stunden alleine. Das sollte man sich stets bewusst machen.

Ein Artgenosse hingegen ist immer für den gefiederten Freund da, bei Tag und bei Nacht. Gemeinsames Fressen, gegenseitige Gefiederpflege, Spielen, Balgen und Fliegen sowie die gemeinsame Nachtruhe – das alles sind wichtige soziale Aspekte für einen Papagei oder Sittich, die er täglich erleben kann, wenn er mit einem oder mehreren Artgenossen gehalten wird.

Auch kann ein Artgenosse des Rätsels Lösung sein, wenn Ihr Heimvogel unter psychischen Störungen wie Federrupfen oder Dauerschreien leidet. Solche Signale darf man als Halter nicht ignorieren, denn der Vogel zeigt eindeutig an, dass mit ihm etwas nicht in Ordnung oder er mit den Lebensumständen nicht zufrieden ist. Es gibt allerdings auch Vögel, bei denen solche Störungen organischen Ursprungs sind, weshalb in jedem Falle zunächst ein vogelkundiger Tierarzt konsultiert werden sollte. Eine Ernährungsumstellung kann dann vielleicht schon zum Erfolg führen.

In vielen Fällen ist es jedoch so, dass der Vogel wirklich psychische Probleme aufgrund der Einzelhaltung aufweist. Vor allem das Beknabbern, Abbeißen und Auszupfen der Federn ist eine weit verbreitete Störung unter einzeln gehaltenen Heimvögeln. Insbesondere sind die großen Vertreter der Papageien betroffen. Auch fällt auf, dass der Beginn des Federrupfens oft mit dem Erwach-

Ein Gelbwangenkakadu

mit psychischen Störungen.

senwerden des Vogels zusammenfällt. Ein Papagei kommt im Alter von etwa drei bis sechs Jahren in die „Pubertät" und wird geschlechtsreif. Sein Hormonhaushalt gerät völlig aus den Fugen, und er verspürt instinktiv den Wunsch nach einem „richtigen" Partner. Wurde der Vogel als Nestling früh dem elterlichen Nest entnommen und unter Umständen einzeln, ohne Geschwister von Menschenhand aufgezogen (eventuell sogar schon ab dem Ei), kann dies die Situation noch erschweren. Die Fixierung auf den Menschen ist bei diesen sogenannten „isolierten Handaufzuchten" oft sehr stark; Vogel und Halter sind mit der Situation dann schnell überfordert. Auf Dauer sind alle Beteiligten, Mensch und Tier, frustriert, und nicht selten haben hier die psychischen Störungen wie das Federrupfen ihre Wurzeln.

Besonders bei Kakadus kann diese Art der Selbstzerstörung so weit gehen, dass der Vogel sich selbst wortwörtlich bis auf das Blut bearbeitet. Der Halter kann bei Eintritt der Geschlechtsreife des Vogels dessen Verhalten oftmals gar nicht nachvollziehen. Häufig sind diese Halter dann völlig verzweifelt und berichten, der einst so liebe, verschmuste und kuschelige Vogel würde nun plötzlich schreien, beißen oder sich die Federn ausrupfen. Weiß man aber um die Bedürfnisse des Vogels, sollte spätestens jetzt dem verantwortungsbewussten Halter klar werden, dass der Mensch als Partner und Beschäftigungsmöglichkeit niemals ausreichen kann.

Es ist mitunter sehr anstrengend, Vögel, die sich – manchmal erdrückend eng – dem Pfleger angeschlossen haben, an ein Leben mit Artgenossen zu gewöhnen. Man braucht in solchen Fällen oftmals unendlich viel Geduld und Feingefühl, um dem Vogel langsam, aber stetig klar zu machen, dass nicht der Mensch, sondern der Artgenosse zu seinesgleichen zählt.

Wie sehr die Vögel Artgenossen brauchen, sehe ich täglich bei meinen eigenen fünf Graupapageien. Drei sind handaufgezogen, und zwei Vögel stammen aus der Elternaufzucht und sind so genannte „Naturbruten" – nicht zu verwechseln mit Naturentnahmen, auch „Wildfänge" genannt!

Die beiden Naturbruten gingen von Anfang an gleich auf den entsprechenden Partnervogel zu, suchten ständig den Kontakt, pflegten „ihre" Sprache, während die Handaufzuchten dem Artgenossen gegenüber erst einmal zurückhaltend reagierten. Obgleich die Vögel wussten: „Mir fehlt etwas", hatte die Aufzucht zu völliger Zahmheit und Fixierung auf den Menschen geführt und hemmte die natürlichen Verhaltensweisen der handaufgezogenen Vögel. Die Hemmungen legten sich jedoch alsbald, und ich konnte die Fortschritte monatlich feststellen. Die beiden von Hand aufgezogenen Vögel merkten schnell, dass ihnen der Artgenosse gut tat und dass es genau das war, was wohl gefehlt hatte. Sie lernten viel voneinander, und es war eine wahre Freude zu sehen, wie sich die Kommunikation zwischen den Tieren verbesserte, wie sie innerhalb kurzer Zeit sehr aneinander hingen und keiner mehr ohne den anderen fraß, sich putzte oder flog.

Etwas schwieriger gestaltete sich die Integration des fünften Graupapageis, der im Alter von fast 20

Jahren bei mir einzog. Der betagten grauen Dame waren Artgenossen bislang völlig fremd gewesen, und die absolute Fixierung auf den Menschen saß tief. Dementsprechend hatte der Vogel mich von Anfang an zum „Partner" auserwählt, was bedeutete, dass ich kaum noch einen Schritt alleine gehen konnte. War ich zu Hause, wurde gebettelt, ich wurde gerufen, und alsbald wich mir die graue Eminenz nicht mehr von der Schulter. Das war sehr anstrengend, und zeitweise benötigte ich wirklich Nerven aus Stahl. Sie forderte unentwegt ihre Streichel- und Krauleinheiten und wollte am liebsten Tag und Nacht mit mir verbringen. Spielzeug und frische Äste nahm sie zwar schnell an, jedoch galt ihre gesamte Aufmerksamkeit sofort mir, sobald sie mich erblickte. Die anderen vier Vögel wurden anfangs voller Panik, später dann stets misstrauisch beäugt, und aufgrund der fehlenden Erfahrungen wusste der Neuzugang absolut nichts mit den anderen Papageien anzufangen. Nach relativ kurzer Zeit zeigte die graue Dame dann aber doch natürliche Verhaltensweisen wie beispielsweise Gefiedersträuben und eine Verengung der Pupillen, wenn ihr ein anderer Vogel allzu nahe kam. Dies ließ mich hoffen, das Graupapageiweibchen eines Tages völlig in die Gruppe integrieren zu können.

Auf diesen Tag musste ich jedoch sehr viele Monate warten. Lange Zeit konnte ich die Vogelgruppe nicht unbeaufsichtigt zusammen lassen, da die Angst vor den Artgenossen bei meinem Neuzugang allzu tief saß. Ohne mich als Bezugsperson bzw. „Partner" fühlte sich der Vogel völlig schutzlos. Das Graupapageien-Weibchen wurde von Panik erfasst, kaum dass sich ihm ein anderer Vogel auch nur ansatzweise näherte.

Nach vielen Monaten intensivster Bemühungen, die Vögel aneinander zu gewöhnen, war dann endlich eine unbeaufsichtigte Haltung aller im Papageienzimmer und in der Außenvoliere an den Wochenenden möglich. So hatte ich stets noch die Möglichkeit einzugreifen oder den Vogel aus der Gruppe zu nehmen, sollte es zuviel für die „alte Papageien-Dame" werden.

„Naturbrut" und „Handaufzucht"

lassen sich meist mit etwas Geduld gut miteinander verpaaren.

Eine wichtige Grundlage für die raschen Fortschritte und die Vertiefung der Integration war sicherlich, dass ich von jeher keinerlei Aggressionen innerhalb der Gruppe dulde. Meine Vögel wissen das und vertrauen auch darauf, dass ich Konfliktsituationen entschärfe – sofern ich anwesend bin. Oftmals genügt dann schon ein strenger Blickkontakt, um zu zeigen, wer angesprochen ist. Insbesondere das jüngste Männchen musste so manches Mal gebremst werden. Der vierjährige Rabauke mit leichter Tendenz zum „Querulanten" stört immer die friedlichste Ruhe, und ihm bereitet es ganz offensichtlich die größte Freude, allen anderen auf die Nerven zu gehen – so natürlich auch meinem Neuankömmling. Er bedrängte das alte Weibchen, dem – ein normales Verhalten vorausgesetzt – es ein Leichtes gewesen wäre, diesem „Jungspunt" seine Grenzen aufzuzeigen.

Es war ein langer und mühseliger Weg, bis das Graupapageien-Weibchen endlich verstanden hatte, dass es selbst auch ein Vogel ist und es sich unter seinesgleichen wohl fühlen kann. Mit unendlicher Geduld war ich monatelang damit beschäf-

Jule, die alte Graupapageien-Dame

Kurze Zeit nach ihrem Einzug bei der Autorin – noch gezeichnet von ihrem vorherigen Leben, das nicht immer schön für sie war.

tigt, das Tier mehr und mehr von mir abzunabeln, mich Stück für Stück zurückzuziehen und ihm jeden Tag ein wenig mehr die Angst vor den Artgenossen zu nehmen.

Natürlich hängt die betagte „graue Dame" nach wie vor sehr an mir, jedoch ist das Tier nicht mehr völlig auf den Menschen bzw. auf mich fixiert. Es genießt mittlerweile die Anwesenheit der anderen Grauen und kann sich nun sowohl mit seinen Artgenossen beschäftigen als auch eine ganze Weile Interesse an einem Spielzeug bekunden. Dieser Vogel ist für mich ein Paradebeispiel, welches beweist, dass die Vergesellschaftung bzw. die Integration in eine Gruppe von Artgenossen selbst nach annähernd 20 Jahren Einzelhaltung nicht unmöglich ist!

Heute kann ich aus meinen eigenen Erfahrungen heraus sagen, dass ich die richtige Balance gefunden habe, indem ich täglich versuche, das Leben meiner Papageien in Menschenobhut so artgerecht und aktiv wie nur möglich zu gestalten. Meines Erachtens nach ist die Paar- oder Gruppenhaltung von Papageien und Sittichen etwas Wunderbares. In erster Linie natürlich für die Vögel – aber auch für den Halter.

Oftmals haben die Menschen Bedenken und fürchten die Zurückweisung ihres gefiederten Freundes, sobald ein Artgenosse Einzug gehalten hat. Diese Ängste sind völlig unbegründet, das kann ich nach jahrelanger Paar- bzw. Gruppenhaltung sagen. Meine Papageien suchen nach wie vor den Kontakt zu mir, tägliche Streicheleinheiten sind sozusagen Pflicht. Sie freuen sich, wenn ich nach Hause komme, sie machen allerlei Unfug, und nach wie vor habe ich eine starke Bindung zu meinen Krummschnäbeln und ein tolles Vertrauensverhältnis. Die meiste Zeit des Tages verbringen die Tiere jedoch mit ihren Artgenossen, sind somit vollauf beschäftigt und können ihre arteigenen Verhaltensweisen voll ausleben.

Wichtig: Papageien und Sittiche sind intelligente, sehr sensible Wesen, deren Bedürfnisse und Eigenheiten vom Halter oftmals nicht richtig erkannt werden. Es sind gesellige Tiere mit einem ausgeprägten Sozialverhalten, die sich nur in der Gemeinschaft wohl fühlen.

Das Leben mit einem oder mehreren Artgenossen bringt Aktivität, Beschäftigung und Wohlbefinden in den Vogelalltag.

Durch den Einzug eines Zweitvogels verlernt ein Papagei weder das Sprechen noch verliert ein Sittich seine Zutraulichkeit gegenüber dem Menschen. Das sind Ammenmärchen, die einer Anschaffung eines Partnervogels nicht im Wege stehen sollten.

Der Zweitvogel zieht ein

Sie haben sich dazu entschlossen, Ihrem gefiederten Freund einen Partner zu holen? Das ist wunderbar, und ich beglückwünsche Sie sehr zu dieser Entscheidung! Eine bessere Möglichkeit, um sich zu beschäftigen, können Sie Ihrem Heimvogel kaum bieten.

In den meisten Fällen ist eine Vergesellschaftung auch nach vielen Jahren der Einzelhaltung noch gut möglich, wie ich zuvor am Beispiel meines ältesten Graupapageis aufgezeigt habe. Man muss sich jedoch im Klaren darüber sein, dass ein Vogel, der beispielsweise 15 Jahre lang ohne Artgenossen gelebt hat, unter Umständen sehr viel Zeit brauchen wird, um mit der neuen Situation zurechtzukommen. Natürlich kann es „Liebe auf den ersten Blick" sein, es kann aber durchaus vorkommen, dass Sie sehr viel Geduld und Einfühlungsvermögen aufbringen müssen, bis Ihr Erstvogel den Neuankömmling akzeptiert. Einen Einzelvogel zu vergesellschaften ist eine wunderbare Aufgabe, mitunter kann es jedoch auch ein langer, steiniger Weg sein. Bitte seien Sie sich dessen bewusst. Wenn Sie unsicher sind – holen Sie sich fachkundige Hilfe. Tauschen Sie sich mit anderen Vogelhaltern aus, die bereits Erfahrungen mit einer Zusammenführung sammeln konnten, oder kontaktieren Sie einen Züchter und profitieren Sie von seinem Wissen.

Leichter gestaltet sich eine Zusammenführung, wenn der Vogel noch nicht allzu lange alleine gelebt hat. Wer seinen gefiederten Freund also erst kurze Zeit in Obhut hat, tut gut daran, die Suche nach einem passenden Partnervogel nicht zu lange hinauszuzögern.

Nun stellt sich aber natürlich die Frage, wie man die Zusammenführung am besten angeht. Woher soll der neue Liebling kommen – vom Züchter oder aus Privathand? Entscheidet man sich für ein adultes Tier oder für einen Jungvogel? Wie führt man die beiden Vögel zusammen? Was macht man, wenn es nicht gleich so gut läuft, wie man es sich erhofft hat? Auf diese und andere Fragen sollen Sie hier einige Antworten finden.

Panama-Amazonen-Paar

Ein ganz wichtiger Aspekt bei der Wahl des Zweitvogels ist, den Charakter des eigenen Vogels zu berücksichtigen. Ist Ihr Vogel eher der ruhige, sanfte Typ, wird er mit einem dominanten, quirligen Partner wahrscheinlich schnell überfordert sein. Dann hätten Sie genau das Gegenteil von dem erreicht, was Sie wollten: Sie und Ihr Vogel hätten dann keine Freude an der Paarhaltung. Enttäuschte Erwartungen auf allen Seiten – das wäre möglicherweise das Ergebnis. Orientieren Sie sich also besser am Wesen Ihres Erstvogels, dann haben Sie die besten Chancen für ein harmonisches Zusammenleben.

Bewährt hat sich, einen gegengeschlechtlichen, blutsfremden Partnervogel zu erwerben, der etwa im selben Alter ist wie der vorhandene Vogel. Man kann zwar auch gleichgeschlechtliche oder verwandte Vögel (Geschwister) zusammen halten, jedoch läuft man hier Gefahr, dass sich die Vögel bei Eintritt der Geschlechtsreife oder bereits von Anfang an nicht wirklich gut verstehen. Es gibt Berichte, in denen von einer sehr harmonischen

Timneh-Graupapageien

Diese beiden Timneh-Graupapageien waren bei ihrer Ankunft in ihrem neuen Zuhause bereits futterfest und dementsprechend leicht einzugewöhnen.

„Geschwisterhaltung“ die Rede ist, jedoch bleibt dies sicherlich die Ausnahme. Es entspricht nicht dem tierischen Naturell, das gesamte Leben mit einem verwandten Artgenossen zu verbringen.

Ganz junge Vögel mit älteren Tieren zu vergesellschaften, geht in den seltensten Fällen gut. Das gilt vor allem für junge Tiere, die ohne Geschwister von Hand aufgezogen wurden. Denn mit einem handaufgezogenen, auf den Menschen fixierten Jungvogel kann ein adulter Papagei oder Sittich in der Regel nichts anfangen, und eine Freundschaft entwickelt sich folglich nur schwer – zumal sich auch der Jungvogel aufgrund der Aufzuchtmethode wohl eher dem Menschen zuwenden wird.

Eine solche Vergesellschaftung kann fast nur dann gelingen, wenn der dazu geholte Jungvogel entweder ohne Fixierung auf den Menschen mit Artgenossen von Hand aufgezogen wurde oder idealerweise aus einer Elternaufzucht stammt. Letztes bedeutet, der Vogel wurde vom Brutpaar selbst aufgezogen und hatte kaum Kontakt zum menschlichen Pfleger. Dadurch zeigt das Tier von Beginn an ein natürliches Interesse an seinen Artgenossen, was einer Vergesellschaftung – auch mit älteren Tieren – sehr zuträglich ist.

Des Weiteren sollte man seinen Vogel vorzugsweise mit einem artgleichen Partner vergesellschaften, auch wenn Sie selbst zum Graupapagei gerne noch eine Amazone hätten. Harmonisch verlaufen solche gemischten Konstellationen selten, eher sind Probleme zu erwarten. Eigentlich verständlich, wenn man bedenkt, dass die Vögel – an diesem Beispiel gemessen – aus völlig verschiedenen Regionen der Erde stammen. Sie haben unterschiedliche Ansprüche, Gepflogenheiten und natürlich auch unterschiedliche Gebärden, sie sprechen sozusagen eine andere „Sprache“.

Wie eingangs erwähnt, ist die Konstellation „Männchen und Weibchen“ in der Regel ideal. Das Geschlecht lässt sich jedoch nicht bei allen Arten so eindeutig durch äußere Merkmale bestimmen wie beispielsweise bei Wellensittichen oder Edelpapageien. Wenn Sie nicht wissen, ob Ihr Vogel weiblichen oder männlichen Geschlechtes ist, so können Sie dies per DNA-Analyse feststellen lassen. Hierfür wird eine frisch gezogene Feder benötigt, die – gut verpackt – umgehend an ein darauf spezialisiertes Labor geschickt wird. Wichtig ist in jedem Falle, die Feder nicht am Kiel anzufassen, da eben dort kleinste Blut- und Gewebeteilchen sitzen, die für die Analyse benötigt werden.

Wenn Sie sich und Ihrem Vogel diese kurze Prozedur nicht zutrauen, können Sie Ihren Tierarzt um Hilfe bitten – der übrigens auch per Blutprobe eine Geschlechtsbestimmung durchführen kann.

Im Gegenzug sollte von dem zukünftigen Partnervogel natürlich auch nachweislich das Geschlecht feststehen. Sollten Sie auf jemanden treffen, der sich weigert, diese wirklich kostengünstige Analyse durchführen zu lassen – seien Sie besser auf der Hut. Auch wenn man Sie glauben machen will, das Geschlecht des Vogels am Gefieder, am Schnabel oder am Kopf erkennen zu können – verlassen Sie sich besser nicht darauf, denn selbst die erfahrensten Züchter haben sich schon geirrt. Größtmögliche Sicherheit bietet nur ein Test.

Ob aus Unwissenheit oder ganz bewusst, sei dahingestellt – Tatsache jedoch ist, dass eine ganz wichtige Thematik leider allzu häufig vernachlässigt wird: Die Frage nach übertragbaren Viruskrankheiten. Es ist jedoch sehr wichtig, nach aktuellen Testergebnissen zu fragen, da Erkrankungen wie beispielsweise PBFD und Polyoma-Infektionen hoch ansteckend sind und Sie beim Kauf eines infizierten Vogels Ihren eigenen Bestand erheblich gefährden.

PBFD – diese durch ein Circovirus hervorgerufene Krankheit mit dem englischen Namen „Psittacine Beak and Feather Disease" ist auch unter dem deutschen Begriff „Schnabel- und Federkrankheit der Papageien" bekannt. Das ansteckende Virus verursacht bei Papageien, aber auch bei Sittichen Wachstumsstörungen der Federn, des Schnabelhorns und der Krallen. Vor allem die sich bildenden Federn verändern sich während des Krankheitsverlaufs stark. Sie sind deformiert, verdreht und brüchig, im weiteren Verlauf bleiben sie im Federschaft stecken, brechen leicht ab und fallen großflächig aus, so dass ein erkrankter Vogel in fortgeschrittenem Krankheitsstadium ziemlich nackt aussieht.

Ein einzeln gehaltener Vogel, der einen kahlen Kopf hat, könnte beispielsweise an einem Virus erkrankt sein; denn selbst wenn es sich um ein rupfendes Tier handelt – den eigenen Kopf kann ein Vogel mit seinem Schnabel nicht erreichen.

Die Circoviren können über Kot, Kropfinhalt, leider aber auch durch Federstaub übertragen werden. Ein Grund mehr, nach Besuchen in Zoos, Vogelparks oder sonstigen Einrichtungen, bei denen Sie nicht um den Gesundheitszustand der dortigen Vögel wissen, Ihre Kleidung zu wechseln und sich gründlich die Hände zu waschen, bevor

Katharinasittich

Papageien und Sittiche können sich mit den verschiedenen Virus-Erkrankungen infizieren; eine Ankaufsuntersuchung ist deshalb auf jeden Fall sinnvoll.

Sie zu Hause Kontakt mit Ihren eigenen Tieren aufnehmen.

Auch das Polyoma-Virus ist per Staub und Kot übertragbar. Dieses Virus aus der Gruppe der Papovaviren kann innerhalb kürzester Zeit einen ganzen Vogelbestand infizieren. Besonders Züchter fürchten es, da Jungvögel sehr anfällig gegenüber diesem Virus sind und innerhalb weniger Tage nach dem Schlupf daran verenden können. Die Symptome sind vielfältig, was das Erkennen der Viruserkrankung als solche erschwert. Beobachtet wurden bei befallenen Tieren eine allgemeine Apathie, Abmagern, Stoffwechselstörungen, aber auch Federverlust wie bei einer PBFD-Erkrankung.

Molekulardiagnostische Institute bieten in der Regel ein günstiges Komplettpaket an. Das heißt, per DNA-Analyse wird das Geschlecht des Vogels bestimmt, gleichzeitig wird die Feder- oder Blutprobe auf die genannten Viruserkrankungen geprüft. Das jeweilige Institut erstellt ein Zertifikat mit genauer Identitätsangabe des Tieres (Ring- oder Chipnummer) und teilt das Ergebnis bezüglich der Geschlechtsbestimmung und der Virentests mit. Ist der Vogel gesund, wird in Bezug auf die Virentests auf dem Zertifikat „negativ" vermerkt.

Elfenbeinsittiche

werden zwar nur in kleinen Zahlen gezüchtet; solche Nachzuchttiere helfen dennoch, den Import von Wildvögeln zum Erliegen zu bringen.

Es empfiehlt sich, einen Vogel erst in sein neues Heim zu überführen, wenn alle Testergebnisse vorliegen. Nur so können Sie sicher sein, dass der neue Vogel dem gewünschten Geschlecht entspricht und kein Virusträger ist. Eine Quarantäne in den eigenen vier Wänden durchzuführen ist sehr aufwendig und birgt immer ein gewisses Restrisiko.

Eines vorweg – der Kauf eines kürzlich importierten Wildfangs sollte absolut tabu sein! Wenn Ihnen jemand so ein Tier – und sei es noch so günstig – verkaufen möchte, lehnen Sie bitte ab. Auch in der heutigen Zeit kommen trotz strenger Vorschriften noch immer wild gefangene Papageien auf den ungewöhnlichsten Umwegen in unsere Lande. Diese Tiere haben ein unvorstellbares Martyrium hinter sich, und man tut ihresgleichen keinen Gefallen, indem man durch den Kauf Platz für neue arme Geschöpfe schafft. Nur wenn die Nachfrage zurückgeht und kein lukratives Geschäft mehr gemacht werden kann, wird dieser Handel gänzlich aufhören.

Anders verhält es sich natürlich, wenn Sie beispielsweise auf einen Privathalter treffen, der nach etlichen Jahren seinen Vogel nicht mehr halten kann und dieser beispielsweise vor 20 Jahren als Wildfang eingeführt wurde. Dies sollte sich dann aber nachweislich belegen lassen.

Wer einen Sittich hält, wird wohl kaum in eine solche Verlegenheit kommen. Zum einen werden die meisten Sitticharten bereits seit vielen Generationen erfolgreich nachgezüchtet, und zum anderen sind die munteren kleinen Gesellen preislich bei weitem nicht so hoch eingestuft wie Papageien, was den Import wild gefangener Sittiche schlichtweg unlukrativ macht.

Wer einen Vogel beim Züchter erwerben möchte, hat meist nur dann Glück, einen passenden Partnervogel zu bekommen, wenn das eigene Tier noch relativ jung ist. Sollte das der Fall sein, so informieren Sie sich bitte eingehend über den Züchter Ihrer Wahl. Ein seriöser, verantwortungsbewusster Züchter wird bereitwillig alle Ihre Fragen offen beantworten und im Gegenzug von Ihnen ebenfalls einige Angaben einfordern, etwa nach den Eigenheiten des vorhandenen Partnervogels, der Art der Unterbringung oder der tierärztlichen Versorgung. Gerne wird er auch bereit sein, Ihnen die Zuchtanlage und natürlich die Vögel zu zeigen.

Ein Züchter, dem das Wohl seiner Nachzuchten am Herzen liegt, wird diese nicht in ein neues Zuhause geben, bevor die jungen Vögel vollkommen selbstständig fressen. Erst wenn sie „futterfest“ sind, wird er einer Abgabe an den neuen Besitzer zustimmen. Dass dies auch richtig ist, zeigen die vielen Berichte von Haltern, die, völlig unerfahren mit der Fütterung eines jungen Papageis oder Sittichs, sehr schnell mit der Situation überfordert sind. Allzu oft passieren Fehler, die teils gravierende bleibende Schäden beim Vogel hinterlassen. Die Zufütterung bzw. Aufzucht junger Heimvögel darf man nicht auf die leichte Schulter nehmen, denn es gibt sehr vieles zu beachten – meist zuviel für einen Laien: Die richtige Futtermenge, die richtige Konsistenz, der richtige Zeitpunkt und vor allem auch die richtige Temperatur sind neben absoluter Hygiene wichtige Aspekte, die es zu berücksichtigen gilt. Es ist vollkommen verständlich, dass Sie den Neuling so rasch wie möglich in seinem neuen Heim begrüßen möchten; doch haben Sie Geduld, wenn „Ihr" Jungvogel noch ein paar Wochen benötigt. Geben Sie ihm die Zeit und holen Sie ihn erst zu sich, wenn er wirklich fit und vollkommen selbstständig in sein neues Zuhause starten kann. Der Vogel wird es Ihnen Zeit seines Lebens danken!

Sind Sie hingegen Besitzer eines Heimvogels „im besten Alter", wird ein Züchter leider kaum die geeignete Anlaufstelle sein. Manchmal kann man jedoch vom großen Netzwerk eines Züchters profitieren, und es lassen sich dadurch eventuell Kontakte zu anderen Haltern knüpfen. Fragen Sie einfach einmal nach.

In dieser Auffangstation

leben die Vögel in sehr geräumigen Volieren.

Zoofachgeschäfte bieten in der Regel ebenfalls nur recht junge Heimvögel an. Es besteht teilweise aber auch hier die Möglichkeit, ein etwas älteres Tier zu bekommen. Starten Sie einen Versuch und erkundigen Sie sich.

In Tierheimen warten sehr häufig Nymphen- und Wellensittiche auf ein schönes neues Zuhause. Fragen Sie doch einmal bei Einrichtungen in Ihrer Nähe an. Gefiederte Freunde aus dem Tierheim sind dankbare Geschöpfe, die sich über eine „zweite Chance" freuen! Auch Papageien werden manchmal in Tierheimen abgegeben, wenn auch viel seltener als Sittiche.

Mittlerweile gibt es auch Betreiber von „Auffang- und Vermittlungsstationen" für Papageien und Sittiche, die bei der Suche nach einem geeigneten Partnervogel behilflich sein können. Besonders für Halter, deren Vögel lange Zeit einzeln gehalten wurden, empfiehlt sich eine Kontaktaufnahme mit solchen Vermittlungsstellen. Zum einen sind die Chancen, über solche Einrichtungen einen altersgleichen Partner für seinen Vogel zu bekommen, hoch, und zum anderen haben diese Leute in der Regel viel Erfahrung, was die Zusammenführung und Paarhaltung von Papageien betrifft. Meist ist es erforderlich, den eigenen Vogel eine Zeit lang in die Obhut der Station zu geben, damit der gefiederte Freund sich dort selbst orientieren und so hoffentlich den passenden Partner finden kann. Der genaue Ablauf sollte in jedem Falle detailliert im Vorfeld besprochen und gemeinsam mit dem Halter beraten und abgestimmt werden.

Wenn Sie sich für diesen Weg entschieden haben, sehen Sie sich die ausgewählte Vermittlungsstation vorab gut an. Lassen Sie sich die Unterbringungen und die Vögel zeigen. Machen die vorhandenen Tiere einen gesunden und aufmerksamen Eindruck? Sind die Futter- und Wassernäpfe frisch und ausreichend gefüllt? Sind die Volieren und ihre Umgebung sauber? Haben die Vögel ausreichend Platz, und wie sieht es mit den Flugmöglichkeiten aus? Kennt sich die betreuende Person mit Vögeln – vor allem mit Ihrer Vogelart – aus? Wie wird die medizinische Versorgung im Krankheitsfalle gewährleistet? Scheuen Sie sich nicht, diese und weitere Fragen zu stellen – schließlich wollen Sie Ihren gefiederten Freund für die Zeit der Partnersuche in den besten Händen wissen.

Lassen Sie sich insbesondere auch zum Tagesablauf und zum Ablauf der Vergesellschaftung Informationen geben: Welche potentiellen Partnervögel vorhanden sind und wie alles vonstatten gehen soll. Auch sollte es selbstverständlich sein, als Halter stets darüber informiert zu werden, wie die Suche nach einem Partnervogel verläuft, während der Vogel sich in der Station befindet.

Erste Annäherungsversuche

Ein ausführlicher Rundgang durch die Anlage, intensive Beratungsgespräche und Fragen des Halters sind für eine seriös und kompetent geführte Auffangstation niemals ein Problem.

Wenn Sie einen Vogel privat, sozusagen aus „zweiter Hand", erwerben möchten, werden Sie sicherlich in den verschiedenen Anzeigemärkten oder Internetplattformen schnell fündig. Viele Vögel suchen auf diesem Wege ein Zuhause, und es kann etwas Wunderbares sein, so einem Geschöpf ein neues Heim zu bieten. Machen Sie sich aber bewusst, dass ein Halter, der seinen Vogel aus welchen Gründen auch immer „an den Mann" bringen will, Ihnen vielleicht nicht ganz so offenherzig alles erzählen wird, was Sie wissen möchten. Mit ein wenig Menschenkenntnis werden Sie jedoch gleich herausfinden, wem es wirklich um das Wohl des Tieres geht oder wer nur den „Rubel rollen" sehen möchte. Es empfiehlt sich in jedem Falle, einen Vogel nicht ungesehen zu erwerben! Schauen Sie sich das Tier vor dem Kauf persönlich an, achten Sie auf den Gesundheitszustand (man will schließlich nicht den eigenen Bestand gefährden), fragen Sie nach Eigenheiten, Gewohnheiten, Vorlieben und Abneigungen. Auch gilt hier nochmals der Hinweis, sich Alters- und Geschlechtsnachweis sowie die Testergebnisse der Virenuntersuchung zeigen und beim Kauf in Originalform geben zu lassen. Bestehen Sie bei einem Kauf auch auf der Aushändigung der originalen Cites-Bescheinigung, sofern es sich um ein Tier des Anhangs 1 des WA (Washingtoner Artenschutzübereinkommens) handelt. Vögel des Anhang 2 benötigen seit 1997 dieses Formular nicht mehr.

Erschrecken Sie nicht, wenn Sie an jemanden geraten, der Ihnen den Vogel persönlich vorbeibringen möchte. Im Gegenteil, freuen Sie sich darüber! Hier steht jemand vor Ihnen, der es wirklich gut mit seinem Vogel meint, dem die Abgabe sichtlich schwer fällt und der sich vergewissern möchte, dass es seinem Liebling auch weiterhin gut gehen wird. Natürlich können Sie für die spätere Zeit vereinbaren, den Kontakt auf Telefonanrufe, E-Mails und Fotos zu beschränken. Das wird der Abgebende auch verstehen – denn der Vogel soll sich in seinem neuen Heim einleben und nicht durch Besuche des Vorbesitzers irritiert werden.

Für nahezu ideal halten viele einen „Kauf auf Probe". Das bedeutet, man vereinbart bei Nichtvertragen der Vögel die Rückgabe des erworbenen Tieres. Ich persönlich bin hier geteilter Meinung. Natürlich soll es nicht sein, dass zwei Vögel ein Leben lang mehr schlecht als recht und somit unglücklich miteinander leben müssen. Andererseits kann eine solche Vorgehensweise für den dazu geholten Zweitvogel unter Umständen ein ewiges Hin und Her bedeuten. Kaum hat er sich im neuen Zuhause eingelebt, soll er schon wieder zurück oder im schlimmsten Falle gleich an einen anderen Platz, weil der neue Besitzer eventuell voreilig urteilt und der Versuch des Zusammenlebens abgebrochen wird, ohne dass die Tiere eine echte Chance gehabt hätten. Ein „Verkauf/Kauf auf Probe" will von allen Beteiligten gut bedacht sein.

Eine größere Behausung ist da, neue Spielsachen sind gekauft, der Zweitvogel ist ausgewählt – jetzt steht also der Einzug bevor.

Am ersten Tag sollte der Vogel zunächst einmal „ankommen“ können. Er muss erst verstehen, dass er nun an einem anderen Ort ist. Viele neue Eindrücke, Geräusche und Gerüche prasseln auf ihn ein. Lassen Sie den Neuankömmling zur Ruhe kommen, beobachten Sie lediglich, ob der Vogel frisst und trinkt. Leckereien aus der Hand sollten Sie für einen späteren Zeitpunkt aufbewahren. Ebenso ist es ratsam, den Vogel nicht zu bedrängen, indem man beispielsweise dicht am Käfig steht oder das Tier gar anfassen möchte. Ihr Bestreben sollte es sein, von Anfang an eine positive Basis zu schaffen!

Auch die erste Nacht kann mitunter aufreibend sein, denn der Vogel kennt die Umgebung nicht und wird vielleicht noch lange Zeit unruhig im Käfig herumklettern. Auch in den darauf folgenden Nächten kann dies noch der Fall sein. Der eine Vogel braucht etwas länger, um sich einzugewöhnen, bei anderen geht es wiederum sehr schnell.

Ein erstes Kennenlernen und „Beschnuppern“ der Vögel findet am besten unter Aufsicht im Vogelzimmer oder beim gemeinsamen Freiflug in der Wohnung statt. Kleine Kabbeleien sind zu Beginn oft zu beobachten, aber dies ist normal. Schließlich ist das für beide Vögel eine gänzlich neue Situation. Der Alteingesessene möchte vielleicht sein Revier und vor allem „seinen Menschen“ verteidigen, und der Neuankömmling muss sich erst einmal zurechtfinden. Es empfiehlt sich, nicht gleich einzuschreiten, sollte es zu kleinen „Gefechten“ kommen. Häufig sieht und hört es sich für den Halter schlimmer an, als es eigentlich ist. Besonders Vögel, die lange Zeit alleine gehalten wurden, empfinden den Neuankömmling zunächst als Rivalen oder zeigen sich ängstlich. Dies ist völlig natürlich und wird sich mit der Zeit legen. Gehen die Vögel hingegen wie die Kampfhähne aufeinander los oder fließt sogar Blut, sollte man auf jeden Fall eingreifen. Auch wenn ein Vogel ständig nur gejagt und unterdrückt wird, sollte man handeln. Ist dies der Fall und die Vergesellschaftung läuft nicht wie geplant, dann scheuen Sie sich bitte nicht, fachkundige Hilfe in Anspruch zu nehmen.

Wenden Sie sich z.B. an einen Züchter, Verhaltenstherapeuten oder an eine Auffang- bzw. Vermittlungsstation. Sicherlich steht man Ihnen gerne mit Rat und Tat zur Seite.

Es ist ratsam, die Vögel in den ersten Tagen zum Fressen und Schlafen in getrennten Käfigen bzw. Volieren unterzubringen. Jedoch sollten die Tiere im selben Raum sein, am besten lässt man sie sogar durch die Gitter auf „Tuchfühlung“ gehen. So können sie sich auch mit den Schnäbeln berühren und weiter den Kontakt verstärken. Zieht der Neuankömmling hingegen sofort in die Voliere des bereits vorhandenen Vogels ein, kann es zu Raufereien kommen, da der Neuzugang dort erst recht als Eindringling gesehen wird und der Erstvogel sein angestammtes Revier natürlich verteidigen will.

Wenn man merkt, dass sich die beiden Vögel gut verstehen (in einigen Fällen kann dies sogar recht schnell der Fall sein), kann man sie auch zusammen in einer Voliere fressen und schlafen lassen. Es empfiehlt sich, falls der Kauf einer größeren, neuen Behausung nicht mehr nötig war, die vorhandene Voliere etwas umzugestalten, damit der

Geduld und Einfühlungsvermögen

des Halters sind gefragt, wenn zwei Vögel aneinander gewöhnt werden sollen.

Geschafft!

Diese beiden Rosakakadus verstehen sich prächtig.

Erstvogel keinen zu großen „Heimvorteil“ hat. Neben zusätzlichen Sitzgelegenheiten müssen auch mehr Futternäpfe angeboten werden, da der Erstvogel den Neuankömmling mit Sicherheit nicht gleich aus seinen Näpfen fressen lassen will, und angestammte Sitzplätze werden auch nicht so ohne weiteres geteilt. Hat der Neuankömmling Spielsachen aus seinem früheren Zuhause mitgebracht, sollten ihm diese auf jeden Fall zur Verfügung stehen. Damit erscheint nicht alles gar so fremd für das Tier, und der Vogel hat schon etwas, das „ihm gehört“.

Machen Sie sich immer wieder bewusst, dass Sie nun zwei Vögel haben, die Ihrer Pflege und Zuneigung bedürfen. Und haben Sie Geduld! Der Neuankömmling braucht nicht nur Zeit, um sich an die neue Umgebung zu gewöhnen, sondern auch, um zu verstehen, dass sich nun andere Menschen in seinem Umfeld befinden. Auch für Sie als Halter ist dies eine völlig neue Situation. Jeder Vogel hat seine ganz eigene Persönlichkeit, er hat Vorlieben, Abneigungen und auch Ängste. Ihren neuen Mitbewohner richtig kennen zu lernen, ist eine Aufgabe, in die Sie mit jedem Tag ein Stückchen mehr hineinwachsen.

Damit die Vögel sich einander besser zuwenden können, ist es, besonders bei stark auf den Menschen fixierten Vögeln, von großer Bedeutung, sich als Halter in der Anfangsphase der Zusammenführung zurückzunehmen und stets zu versuchen, keinen Vogel zu bevorzugen. Das ist sehr wichtig, um nicht unnötig Eifersucht zu schüren.

Das bedeutet jedoch keinesfalls, dass Sie Ihren Erstvogel nicht mehr kraulen dürfen. Natürlich soll das bestehende Vertrauen und die Zuneigung weiterhin ausgelebt werden, nur nicht mehr ganz so in dem Maße wie früher. Der Vogel soll schließlich verstehen, dass er neben dem Menschen nun auch noch einen gefiederten Freund hat. Und das kann er nur lernen, wenn Sie „loslassen“. Wenn Sie hier die richtige Balance finden, haben die Vögel eine sehr gute Chance, sich einander zuzuwenden und ein harmonisches Paar zu werden.

Eine Vergesellschaftung ist nicht immer einfach, und man braucht oft sehr viel Geduld dafür. Zeitweise Rückschläge muss man bereit sein hinzunehmen. Es kann mitunter einige Monate dauern, bis die Vögel sich wirklich akzeptieren und sich richtig gut verstehen. Bei manchen Vögeln ist es aber auch „Liebe auf den ersten Blick“. Da wird schon nach kurzer Zeit gekrault, gefüttert und gespielt, als wäre es nie anders gewesen. Wenn dies bei Ihnen nicht so schnell der Fall sein sollte, lassen Sie sich keinesfalls entmutigen! Freuen Sie sich stattdessen über jeden noch so kleinen Schritt, den Ihre Pfleglinge aufeinander zugehen: Wenn die Vögel beispielsweise das erste Mal nebeneinander auf einem Ast sitzen oder friedlich gemeinsam fressen, ganz ohne Futterneid.

Natürlich gibt es keine Garantie dafür, dass eine Vergesellschaftung immer reibungslos und ohne Probleme abläuft. Unter Berücksichtigung der genannten Tipps können jedoch viele Probleme gelöst oder besser noch im Vorfeld aus dem Wege geschafft werden.

Vogelzimmer, Innen- und Außenvoliere – Lebensraum unserer Heimvögel

Die richtige Unterbringung von Papageien und Sittichen ist ein komplexes, viel diskutiertes Thema. Mit Sicherheit lässt sich jedoch eines sagen: Die Unterbringungsmöglichkeit kann niemals zu groß, sehr schnell aber zu klein sein.

Werden die Tiere in einer großzügigen, mit Naturästen und Vogelspielzeug ausgestatteten Voliere oder sogar in einem eigens für die gefiederten Freunde eingerichteten Zimmer untergebracht, fühlen sie sich wohler und haben wesentlich mehr Möglichkeiten, sich den Tag über zu bewegen, zu spielen oder sich zu beschäftigen, als es in einem kleinen Käfig der Fall ist.

Es gibt mittlerweile eine Vielzahl an Volierenbauern und -anbietern, die kompetente Beratung und gute Leistung zu fairen Preisen bieten. Auch kann man eine Zimmervoliere nach eigenen Vorstellungen entwerfen und herstellen, sofern man das nötige handwerkliche Geschick dafür besitzt.

Eine adäquate Alternative stellen heutzutage die im guten Fachhandel erhältlichen, großzügig bemessenen Vogelheime (Cages) dar. Bei diesen Produkten können Sie neben Form und Größe sogar die Farbe des Käfigs wählen. Varianten in Blau, Sandweiß, Grau oder auch Beige sind heute keine Seltenheit mehr. Vor allem die verschiedenen Ausführungen – selbst Eckvarianten sind möglich – sowie die stabilen Rollenfüße bieten ein hohes Maß an Komfort und Flexibilität.

Durch die Vielzahl an Möglichkeiten sollte eine Heimvogelhaltung im kleinen Käfig der Vergangenheit angehören.

Verzichten Sie auf den Kauf von Plastik- oder Rundholzsitzstangen als Sitzgelegenheit. Dies gilt insbesondere auch, wenn Sie kleinere Arten wie südamerikanische, Nymphen- und Wellensittiche

Mit etwas handwerklicher Begabung

kann jeder selbst eine Innenvoliere bauen.

oder andere australische Sittiche pflegen. Leider werden gerade für diese Pfleglinge noch immer ungeeignete Sitzstangen in den Zoohandlungen angeboten. Greifen Sie besser auf Naturäste zurück. Diese unterstützen die natürliche Abnutzung der Krallen und beugen Druckstellen, Ballengeschwüren und Arthrose vor. Äste mit unterschiedlichem Durchmesser eignen sich besonders, da die Vogelfüße dadurch immer wieder unterschiedlich greifen können und nicht immer in dieselbe Stellung gezwungen werden. Auch werden die Naturäste gerne von den Vögeln benagt, was zur täglichen Beschäftigung beiträgt. Bei Bedarf lassen sich die Äste in der Regel schnell und einfach austauschen.

Achten Sie bei der Wahl der Voliere und der dazugehörigen Ausstattungsgegenstände stets auf eine gute Qualität. Einerseits um Ihre Vögel vor gesundheitsschädlichen Stoffen zu schützen und andererseits, da sich der Kauf von qualitativ hochwertigen und stabilen Produkten über die Jahre gesehen einfach auszahlt.

Eine Voliere sollte stets gut mit Spiel- und Beschäftigungsmöglichkeiten bestückt sein, jedoch sollte man das Motto „viel hilft viel“ nicht allzu wörtlich nehmen. Die Vögel müssen in jedem Falle noch ausreichende Möglichkeiten haben, um zu klettern, sich frei zu bewegen und ein paar Flügelschläge zu tätigen. Kein Vogel fühlt sich wohl in einem riesigen Sammelsurium an Schaukeln,

Auf Naturästen

fühlen sich Vögel rundum wohl.

Holzspielzeugen, Acrylspielzeugen und einer Unmenge an Glöckchen. Gibt es sie in Maßen, angepasst an die Größe der Voliere und an die Bedürfnisse der Vögel, schlägt hingegen jedes Vogelherz höher.

Bedenken Sie bitte auch, dass es in der Natur nur wenig Unbewegliches gibt. Somit ist es nicht verwunderlich, dass unsere Heimvögel es lieben, auf wippenden Ästen zu sitzen und zu spielen. Wo immer möglich, sollten Sie also auch diese Art der Sitz- und Spielgelegenheit einbauen.

Der Standort der Zimmervoliere ist sehr sorgfältig auszuwählen. Die Vögel sollen am Familienleben teilnehmen können, aber stets auch die Möglichkeit des Rückzugs haben. Vor allem eine ungestörte Nachtruhe sollte bedacht und gewährleistet sein. Eine freie Aufstellung der Voliere im Raum entspricht nicht dem Sicherheitsbedürfnis der Vögel und kommt daher nur in Frage, wenn zumindest eine Seite der Behausung durch geschlossene Elemente ersetzt wird. Auch sollten die Licht- und Luftverhältnisse kritisch geprüft werden. Ein denkbar ungeeigneter Standort ist beispielsweise ein Hausflur. Oftmals herrschen hier keine optimalen Lichtverhältnisse, da ein Fenster dort nur selten zu finden ist und das geschäftige Kommen, Gehen, Durch- und Vorbeilaufen kaum Behaglichkeit schafft.

Die tägliche Möglichkeit des ausgiebigen Fliegens sollte allen Heimvögeln trotz einer großzügigen Unterbringung stets gegeben werden. Denn obwohl unsere Vögel im Vergleich zu ihren Artgenossen in der Natur keinen „Grund" für das Fliegen haben (beispielsweise um zu den Nahrungsplätzen zu gelangen), ist doch der instinktive, tief verwurzelte Wunsch nach Bewegung und Flug vorhanden. Es sind und bleiben eben Vögel, deren Körperbau und Organe auf das Fliegen ausgelegt sind. Durch das Fliegen kommt der gesamte Organismus in Schwung, das Immunsystem wird gestärkt und unsere Vögel bleiben dadurch fit, aktiv und gesund.

Der tägliche Freiflug in der Wohnung sollte stets unter Aufsicht stattfinden, zum einen, weil in jedem Haushalt Dinge vorhanden sind, die nicht kaputt gehen sollen, und zum anderen bergen viele Gegenstände und Situationen auch Unfallrisiken für unsere Heimvögel. Vieles lässt sich „vogelsicher“ machen, aber eben nicht alles.

Um die Unfallgefahr etwas eindämmen zu können, sind nachstehend einige Gefahrenquellen aufgeführt.

Gefährliche Gegenstände sind

- Messer, Scheren und andere scharfe Gegenstände
- Allgemeine Küchengeräte und Werkzeuge
- Räucherstäbchen, Duftpotpourris, Parfüm usw.
- Putz-, Spül- und Reinigungsmittel
- Allgemeine Kosmetik- und Pflegeprodukte, auch Sprays
- Ohrringe, Perlen und sonstiger Schmuck
- Reißnägel, Pinnwandnadeln, Nähutensilien
- Tabak, Zigaretten, Medikamente, Salben, Alkohol
- Bleistifte, Kugelschreiber, Textmarker usw.
- Kleber, Klebestifte, Batterien, Lacke und Farben
- Gegenstände aus Metall (Blei, Zink, Kupfer usw.)

Allgemeine Gefahrenquellen sind

- Fensterscheiben (Verletzungen, wenn ein Vogel dagegenfliegt)
- Stromkabel und Steckdosen (Ein Stromschlag kann tödlich enden!)
- Türen (Füße einklemmen)
- Flugunfähige „Fußgänger“ können zertreten werden

Bewegung und Freiflug

Oben: Es wippt und schaukelt – hier fühlt sich die Nymphengruppe rundum wohl
Unten: Das tägliche Fliegen sollte selbstverständlich sein.

Giftige Zimmerpflanzen

können unseren Heimvögeln gefährlich werden; verzichten Sie besser ganz darauf!

- Geöffnete Fenster (Davonfliegen)
- Giftige Zimmerpflanzen, auch Blumenerde und Dünger
- Heiße Herdplatten, heißes Bügeleisen, heißes Ofenrohr/Kamin
- Heißes oder sehr kaltes Wasser im Waschbecken
- Heiße Lampen / Deckenfluter
- Gardinen - vor allem mit Bleiband!
- Andere Haustiere (Hund, Katze)
- Offenes Feuer (auch Kerzen)

Viele Gepflogenheiten sind für uns so alltäglich geworden, dass wir ein eventuelles Risiko gar nicht (mehr) bemerken und bei vielen Gegenständen nicht (mehr) daran denken, welche willkommene, „beschäftigende" Abwechslung unsere Heimvögel darin oft sehen. Achten Sie deshalb bitte stets darauf, die soeben genannten Utensilien nicht herumliegen zu lassen, sondern für die Vögel unzugänglich aufzubewahren.

Fensterscheiben, die besonders in Schrecksituationen eine große Unfallgefahr darstellen, können beispielsweise durch Gardinen verdeckt werden; so können die Vögel die Fensterscheiben besser als „Hindernis" wahrnehmen und die Gefahr, dass ein Vogel gegen eine Scheibe fliegt, ist auf ein Minimum reduziert. Steckdosen und Stromleitungen lassen sich leicht durch Sicherungsklappen und Kabelschienen (beispielsweise aus dem Baumarkt) absichern. Bei der Auswahl Ihrer Zimmerpflanzen sollten Sie konsequent nur auf unschädliche Exemplare zurückgreifen; so vermeiden Sie eine eventuelle Vergiftung, falls doch einmal eine Pflanze angeknabbert werden sollte. Die Küche sollte während des Kochens für die Tiere absolut „tabu" sein. Die Gefahr, dass ein Vogel sich auf einer heißen Herdplatte, an heißem Wasser oder herumliegenden Küchengeräten verletzt, ist sehr groß!

Der regelmäßige Freiflug von Papageien und Sittichen in der offenen Natur gelang bisher nur sehr wenigen Haltern und auch nur nach langem, intensivem Training. Einem Laien rate ich davon absolut ab! Zu viele Gefahrenquellen lauern in diesem Lebensraum, den unsere Vögel gar nicht kennen und in dem sie sich meist auch nicht alleine zurechtfinden.

Vogelzimmer

Bei der Gestaltung eines Vogelzimmers haben Sie im Vergleich zur Volierenhaltung noch größere Möglichkeiten, Naturäste, Schaukeln, Seile sowie andere Spiel- und Sitzgelegenheiten anzubieten.

Mein Tipp: Ein eigenes Zimmer bietet Ihren Vögeln jede Menge Freiraum und zahlreiche Möglichkeiten der Beschäftigung. Bitte denken Sie bei der Einrichtung aber daran, mögliche Gefahrenquellen zu entfernen oder abzusichern (so wie hier beschrieben). Auch das Spielzeug unserer gefiederten Freunde muss, egal ob Volieren- oder Zimmerhaltung, regelmäßig auf Verschleiß und richtigen Sitz geprüft und gegebenenfalls erneuert werden, denn hier besteht mitunter Unfallgefahr. Verschlüsse, Ketten, Karabinerhaken, Stricke und Seile müssen stets in einwandfreiem Zustand sein.

Auch können sich die Vögel bei dieser Art der Haltung den ganzen Tag über frei bewegen und sind nicht auf „Freiflugzeiten" angewiesen, wie es beispielsweise bei einer Volierenhaltung im Wohnbereich der Fall ist.

Außenvoliere

Wer es ermöglichen kann, der sollte seinen Vögeln in den warmen Monaten tagsüber eine Außenvoliere im Garten zur Verfügung stellen. Auch der Balkon oder zumindest ein Teil davon lässt sich zur Außenvoliere umfunktionieren. Lassen Sie sich hierzu von einem Fachmann beraten, er vermag am besten abzuschätzen, welche Möglichkeiten durchführbar sind. Hilfreiche Tipps und Vorschläge bekommt man oft auch von anderen Vogelhaltern, die bereits solche Projekte durchgeführt oder begleitet haben.

Ist der Bau einer großen Außenvoliere nicht umsetzbar, so sollte zumindest ein geräumiger Käfig zur Verfügung stehen, in dem die Vögel bei passendem Wetter eine Zeit lang Licht, Luft und Sonne genießen können.

Das Verweilen in einer Außenvoliere ist Beschäftigung für alle Sinne: Riechen, Schmecken, Hören, Sehen und Fühlen – nirgendwo sonst kann ein Vogel seine Sinne so sehr beschäftigen, trainieren und schärfen wie an der frischen Luft.

Draußen gibt es immer etwas zu sehen und zu erleben. Gelegentlich erregt ein vorbeifliegendes Insekt oder eine Horde Spatzen die Aufmerksamkeit unserer gefiederten Freunde, dann wird nebenan der Rasen gemäht, oder man sieht in der Ferne Spaziergänger. Die Vögel können sich einen warmen Lufthauch durch das Gefieder streichen lassen oder auch einen warmen Sommerregen genießen.

Ihre Vögel werden begeistert sein angesichts der vielen Eindrücke! Mit solchen Aufenthalten im Freien bringen Sie nicht nur Abwechslung und Wohlbefinden in den Heimvogelalltag, natürliches Sonnenlicht und frische Luft tun ganz nebenbei noch viel für die Gesunderhaltung Ihrer Papageien und Sittiche.

Die Rosakakadus

genießen die gut überdachte und ideal eingerichtete Außenvoliere.

Bitte achten Sie bei der Planung des Außenbereiches darauf, dass die Vögel immer die Möglichkeit haben, Schatten aufzusuchen und Zugang zu einer Tränke besteht! Papageien und Sittiche können nicht wie wir Menschen schwitzen und in der prallen Sonne kann es daher schnell zur Überhitzung der Tiere kommen. Auch sollte die Außenvoliere so konzipiert sein, dass Ihre Vögel vor Zugriffen Fremder und insbesondere auch vor Übergriffen anderer Tiere (Marder, Hunde und Katzen) geschützt sind.

Eine Außenvoliere „im großen Stil" – auch das ist möglich. Nicht nur Zoos, Vogelparks und Züchter beherbergen Papageien und Sittiche in Großraumvolieren; dieses Haltungssystem, das keinesfalls eine reine „Schauhaltung" darstellt, erfreut sich auch unter den Privathaltern immer größerer Beliebtheit.

Großvoliere

Großvoliere

im Loro Parque auf Teneriffa

Die Voraussetzungen für ein weitestgehend tiergerechtes und abwechslungsreich gestaltetes Lebensumfeld sind in einer Großraumvoliere nahezu ideal – dieses Potential sollte, wenn vorhanden, auf jeden Fall genutzt werden.

Statt sich mit Ästen und Zweigen begnügen zu müssen, stehen dem Vogelhalter hier alle Möglichkeiten offen, auch ganze Baumstämme, Sträucher und großes Geäst in den Lebensraum der Vögel einzuplanen. Weitere Beschäftigungsgegenstände wie Seile, Schaukeln und Spielzeug lassen sich ebenfalls gut integrieren. Auch können den Vögeln möglichst natürliche Nisthöhlen angeboten werden, wobei bereits im Vorfeld geklärt sein sollte, ob man eventuellen Nachwuchs zulassen darf und will.

Der Möglichkeit einer regelmäßigen Dusche kann durch einen kleinen Tümpel oder sogar durch eine Beregnungsanlage Rechnung getragen werden.

Geräumige Großvolieren müssen selbstverständlich immer einen Zugang zu (beheizbaren) Innenräumen bieten, in denen die Vögel sowohl die Nächte als auch die kalten Wintermonate verbringen können. Auch in den Sommermonaten sollten die Innenräume den Tieren stets zugänglich sein, denn bei großer Hitze sind die Papageien und Sittiche dankbar, wenn sie sich zeitweise in die – etwas kühleren – Räumlichkeiten zurückziehen können.

Der in Frankreich lebende Tiertrainer Markus Steiger beherbergt seine eigenen Vögel sogar meist in – natürlich beaufsichtigter – Freihaltung. Lediglich nachts halten sich die Tiere in großen Innenvolieren auf. Allerdings sollte man diese Vorgehensweise als Laie keinesfalls nachahmen. Die Gefahr, dass ein Vogel davonfliegt, ist sehr groß, und ohne entsprechendes, kontinuierliches Training der Vögel ist eine völlige Freihaltung nicht durchführbar.

Markus Steiger rät während seiner Papageienshows von einer „normalen" privaten Haltung aufgrund der hohen Ansprüche der sensiblen und hochintelligenten Vögel ab. Er spricht die Problematik von falschen Haltungsbedingungen wie beispielsweise dem trostlosen Leben und Fristen vieler Vögel in zu kleinen Käfigen und den oft mangelnden Beschäftigungsmöglichkeiten an.

Die Haltung in einer geräumigen Großvoliere kommt aber einer Freihaltung schon sehr nahe. Da aber diese kaum jemandem möglich ist, kann sich glücklich schätzen, wer die Haltung seiner gefiederten Freunde in einer Großvoliere realisieren kann. Kein anderes Lebensumfeld bietet Heimvögeln in Menschenobhut solche immensen Möglichkeiten der Entfaltung und des Auslebens ihrer natürlichen Eigenschaften und Gepflogenheiten.

Die Nachtruhe – so wichtig wie eine ausreichende Beschäftigung

Obgleich den meisten Heimvogelhaltern bekannt ist, dass die überwiegende Mehrzahl unserer Vögel nach dem sogenannten „Zwölf-Stunden-Rhythmus" lebt und sich somit immer in einem Wechsel von zwölf Stunden wach/aktiv und zwölf Stunden schlafend befinden soll, halten sich leider nicht alle an diesen, von Tierärzten und Verhaltenstherapeuten empfohlenen Rat. Um zu verstehen, warum dieser Rhythmus so wichtig für die Ausgeglichenheit, die Gesundheit und das Wohlbefinden unserer Heimvögel ist, sollten wir den Blick nochmals auf die frei lebenden Sittiche und Papageien werfen.

Die meisten Arten leben in den Tropen, wo eine Tages- und Nachtgleiche herrscht – es ist dort also zwölf Stunden lang Tag und zwölf Stunden lang Nacht. Der Tagesablauf ist hier völlig nach diesem Rhythmus ausgelegt. Die Vögel werden aktiv, sobald der Morgen erwacht. Tagsüber legen sie Ruhephasen ein, vor allem in den Mittagsstunden bis hin zum frühen Nachmittag. Darauf folgt wieder eine aktive Phase, die mit dem Aufsuchen der Schlafplätze endet, sobald der Abend und somit die Dämmerung hereinbrechen. Und auch wenn wir nachgezüchtete Heimvögel in dritter oder vierter Generation halten, der Instinkt, nach diesem Rhythmus zu leben, steckt in allen Papageien und Sittichen. Alle Vögel benötigen neben der ausgiebigen Beschäftigung auch Ruhephasen während des Tages sowie eine ungestörte Nachtruhe.

Lebensbedingungen wie in der freien Natur können wir unseren gefiederten Freunden nicht bieten, also müssen wir Rücksicht nehmen und entsprechende Vorkehrungen treffen. Sind die Vögel in einer Zimmervoliere untergebracht, sollte man darauf achten, dass die Tiere beispielsweise vor Fernsehflimmern und lauten Geräuschen abgeschirmt sind. Gegebenenfalls müssen der Standort der Voliere oder die Schutzmaßnahmen (Vorhänge, Sichtschutzwand, separater Raum) neu überdacht werden.

Wellensittiche

benötigen wie alle Papageien Ruhephasen und eine ungestörte Nachtruhe.

Meine eigenen Papageien leben in einem Vogelzimmer, welches direkt an das Wohnzimmer angrenzt. Um die Tiere während ihrer Nachtruhe nicht zu stören, wird die Tür jeden Abend konsequent geschlossen, nachdem ich meinen Pfleglingen „gute Nacht" gesagt habe. Zusätzlich habe ich an der Türe, die mit Rauchglaseinsätzen versehen ist, sehr hochwertige, blickdichte Vorhänge angebracht, so dass Licht und Geräusche zusätzlich abgeschirmt werden und eine absolut ungestörte Nachtruhe gewährleistet werden kann.

Die Nachtruhe der Tiere sollte sich auch wirklich an den empfohlenen zwölf Stunden orientieren. Sind Ihre Vögel bereits ab 7.00 Uhr morgens wach, reicht es nicht, sie um 23.00 Uhr „schlafen zu schicken". Chronischer Schlafmangel kann auf Dauer negative Auswirkungen auf das Wohlbefinden unserer gefiederten Freunde haben. Nicht selten ist der Schlafmangel verantwortlich für gereizte, unausgeglichene und gestresste Vögel. Es ist also besser, dafür zu sorgen, dass die Tiere frühzeitig ungestört schlafen können.

Nachtruhe

Rückzugs-möglichkeiten

sollten immer vorhanden sein.

Stockfinster sollte es in der Umgebung der Voliere bzw. im Vogelzimmer während der Nacht nicht sein. Besonders einige Sitticharten wie etwa Nymphensittiche sind sehr anfällig für nächtliches Aufschrecken. Raufende, schreiende Katzen oder das Scheinwerferlicht eines plötzlich vorbeifahrenden Autos – es gibt viele Gründe, warum die Vögel in Panik geraten können. Sie flattern dann wild im Käfig, finden sich nicht zurecht und ziehen sich im schlimmsten Falle sogar Verletzungen zu. Installieren Sie ein Babynachtlicht, um solchen Fällen vorzubeugen. Der Stromverbrauch ist sehr gering, was einer andauernden Anwendung entgegenkommt.

Auch tagsüber müssen die Vögel immer die Möglichkeit haben, sich bei Bedarf vom Tagesgeschehen zurückziehen und Ruhephasen einlegen zu können. Daher sollte eine Voliere nie ohne schützende Rückwand frei im Raum aufgestellt werden, sondern stets so, dass die Tiere sich in einer Ecke oder an einer Wand geborgen und sicher fühlen können. Wenn Ihre Papageien oder Sittiche ein eigenes Zimmer bewohnen, sollten Sie natürlich auch hier darauf achten, ruhige Bereiche einzurichten, wohin sich die Tiere auf Wunsch begeben können.

Wichtig: Ausreichender Schlaf ist genauso wichtig für unsere Heimvögel wie eine ausreichende Beschäftigung. Chronischer Schlafmangel ist oft der Grund für gereizte, gestresste und unausgeglichene Vögel. Die Schlafgewohnheiten sind mitunter recht unterschiedlich. Der eine Vogel schläft stets auf demselben Ast, der nächste möchte lieber auf einer Schaukel schlafen und wieder andere lieben es, sich in „Höhlen" zu verkriechen. Man sollte daher auf die individuellen Bedürfnisse eingehen und den Vögeln genügend Möglichkeiten anbieten.

Der „ungehorsame“ Vogel – Tipps für ein harmonisches Miteinander

Jeder Vogelhalter kennt die Situationen, in denen sich ein Vogel „ungehorsam“ zeigt. Er zerstört, er ist laut, er beißt – die Liste des „Ungehorsams“ könnte man beliebig erweitern. Bei genauer Betrachtung stellt man jedoch fest, dass Papageien und Sittiche niemals bösartig und auch nicht „ungehorsam“ sind.

Unsere Sittiche und Papageien sind überwiegend von ihren Instinkten getriebene Wesen. Wir Menschen hingegen halten uns eher an das Logische, an die Vernunft, und lassen meist außer Acht, dass das Verhalten unserer Heimvögel nicht mit unseren Maßstäben gemessen werden darf. Dass sie beispielsweise alles, was nicht niet- und nagelfest ist, untersuchen und beknabbern wollen, ist völlig normal. Das Nagen liegt in ihrer Natur; es ist der Halter, der dies als negativ empfindet – verständlicherweise, wenn sich das Benagen auf die Wohnungseinrichtung bezieht. Und wenn ein Vogel dauerhaft schreit oder beißt, tut er das nicht, um den Halter zu ärgern; vielmehr reagiert das Tier auf irgendetwas – und möchte dies seinem Pfleger mitteilen.

Wie alle Tiere können uns auch Vögel nicht mit Worten sagen, was sie bewegt, was gerade in ihnen vorgeht, was sie im Augenblick mögen oder was nicht. Es wäre allzu schön, könnten sie uns in menschlicher Sprache sagen: „Mir ist langweilig“ oder „Heute habe ich einen schlechten Tag und somit möchte ich meine Ruhe haben“.

Papageien und Sittiche bedienen sich, wie alle in Sozialverbänden lebenden Tiere, ihrer ganz eigenen Lautäußerungen und natürlich auch der Körpersprache. So verständigen sich die Tiere untereinander, teilen sich ihre Empfindungen und Wünsche mit. Und wer sich die Mühe macht, seine Heimvögel in den verschiedensten Situationen genau zu beobachten, schult und erweitert seine Wahrnehmung und lernt viel über das Gefühlsleben seiner gefiederten Freunde. Anstatt Situationen und Gebärden falsch zu interpretieren, können fortan viele Signale richtig gedeutet werden. Die Kommunikation zwischen Ihnen und Ihren Vögeln kann dadurch völlig neue Dimensionen annehmen. Aufgrund des Wissens um die Körpersprache können Sie die Empfindungen und Verhaltensweisen ihrer Heimvögel richtig einordnen und sich dementsprechend verhalten. Dies beugt in sehr vielen Fällen Missverständnissen und unnötigen Bestrafungen vor.

Oft falsch verstanden

wird das lautstarke Mitteilungsbedürfnis von Papageien wie dieser Blaustirnamazone.

Der „ungehorsame" Vogel

Dieser Graupapagei *gibt der Pflegerin deutlich zu verstehen, dass er lieber mit den frischen Ästen spielen als auf der Hand sitzen möchte.*

Ich möchte Ihnen ein Beispiel nennen: Sie würden Ihren Papagei oder Sittich gerne auf die Hand nehmen, etwa um ihn zu kraulen. Basierend auf unserer Denkweise kommen wir nicht auf den Gedanken, dass der Vogel dies eventuell gar nicht möchte. Er hat vielleicht genau in diesem Moment nicht das Bedürfnis nach so viel Nähe oder hat – wenn Sie den Pflegling noch nicht allzu lange in Obhut haben – noch nicht das für ihn nötige Vertrauen zu Ihnen aufgebaut. Der Vogel möchte Ihnen sein Unbehagen auch zeigen und versucht, Ihnen mittels Verengung der Pupillen, Gefiederaufplustern, Fingerwegschieben oder sogar durch eigenen Rückzug Einhalt zu gebieten. Im schlimmsten Falle wird der Vogel sich aus lauter Angst „ganz dünn" machen. Sie aber ignorieren sämtliche Hinweise oder interpretieren die Situation falsch – wahrscheinlich völlig unbewusst –, und schon ist es geschehen: Der Vogel hat zugebissen. Sie reagieren verärgert und bestrafen Ihren gefiederten Freund für seinen „Ungehorsam". Was, glauben Sie, geht jetzt im Kopf des Vogels vor sich?

Genau – er fühlt sich unverstanden, schwer gedemütigt und verletzt, hat er doch alles so gemacht, wie es ihm sein Naturell vorgibt. Dass seine Signale nicht verstanden wurden – dafür kann der Vogel nichts.

Das Tier also in solchen und ähnlichen Situationen zu bestrafen, etwa durch das Bespritzen mit Wasser, durch Isolation, Anschreien oder im schlimmsten Falle durch Schlagen ist keine Lösung! Mit solchen „Holzhammermethoden" verunsichern und verängstigen Sie den Vogel – vor allem, wenn die Strafe (wie eben beschrieben) aus einem Missverständnis heraus resultiert. Das Vertrauen in den Pfleger wird unnötig zerstört bzw. kann sich niemals aufbauen, und im schlimmsten Falle wird der Vogel gar aggressiv, weil er das Verhalten seines Pflegers nicht verstehen kann.

Wir sollten sehr vorsichtig sein, wenn es um das Interpretieren papageien- und sittichtypischen Verhaltens geht, und Bestrafungen (wie oben beschrieben) sollten Sie gar nicht erst in Erwägung ziehen! Achten Sie stattdessen im täglichen Umgang genau auf die Gestik und Mimik Ihres Vogels, lernen Sie das Deuten der verschiedenen Gefühlsregungen und – vor allem – respektieren Sie auch mal eine ablehnende Haltung. Wenn Ihr Vogel beispielsweise keine Lust hat, gekrault zu werden, sollten Sie ihm nicht Ihren Willen aufzwingen. Ein Vogel ist nun einmal kein Hund, der sich stets über Zuwendungen jeder Art freut und einer streichelnden Hand so gut wie nie aus dem Wege geht. Gerade das Beißen und Schreien von Papageien und Sittichen entsteht sehr oft aus falsch verstandenen Reaktionen, missachteten Wünschen und falschen Erwartungen heraus.

Wenn Sie das Gefühl haben, mit dem Verhalten Ihres Vogels nicht so richtig klarzukommen und Sie die Situation überfordert, empfiehlt es sich, fachmännischen Rat einzuholen. Sie können sich beispielsweise mit anderen Heimvogelhaltern in Verbindung setzen und Erfahrungswerte austauschen oder Hilfe bei einem Tiertherapeuten suchen, der schwerpunktmäßig im Bereich der Verhaltenstherapie arbeitet. In jedem Falle sollte man rechtzeitig um Hilfe bitten, bevor sich die Situation verschlimmert oder gar eskaliert.

Gerade im Hinblick auf die tägliche Beschäftigung und ein gutes Zusammenleben von Mensch und

Angst und Drohen

Links: Hochgezogene Schultern, der Graupapagei macht sich „dünn“ – er hat eindeutig Angst!

Rechts: Die Panama-Amazone rechts vermittelt ihrem Gegenüber ein deutliches „Stopp!“ durch das Anheben ihres Fußes.

Tier ist es sehr wichtig, die natürlichen Verhaltensweisen seiner Pfleglinge zu kennen.

Zwar verfügen Vögel keinesfalls über die Mimik eines Menschen, jedoch lassen sich die jeweiligen Stimmungen mit etwas Übung gut erkennen, zumal nicht nur die Mimik ein „Stimmungsbarometer“ ist.

Die nachstehenden Beispiele sollen Ihnen Hilfestellung bieten und einen kleinen Einblick in den faszinierenden Bereich von Gestik, Mimik und Körpersprache verschaffen, dem zu widmen sich für jeden Vogelhalter lohnt.

Der Vogel hat Angst

Das Gefieder wird eng an den Körper gelegt, was den Vogel insgesamt kleiner und schmaler erscheinen lässt. Meist ist der Blick starr, die Augen sind weit geöffnet, Gesichtsausdruck und Körperhaltung vermitteln „Achtung, Gefahr“. Manche Vögel hängen sich auch mit dem Schnabel im Gitter der Voliere ein und verharren minutenlang in völliger Regungslosigkeit. Dies kommt meist dann vor, wenn der Vogel sich erschreckt hat. Erst wenn sich die Lage für den Vogel entspannt, geht er in eine normale Position zurück. Zugleich wird das Gefieder kurz aufgeschüttelt.

Komm mir nicht zu nahe!

Wenn sich ein Vogel von seinen Artgenossen bedroht fühlt, weil beispielsweise ein anderer ihm ein begehrtes Spielzeug wegnehmen möchte, macht er sich groß, drückt die Brust heraus und legt leicht den Kopf in den Nacken. Weicht der Gegner nicht zurück, wird zusätzlich der Schnabel geöffnet, und vielleicht gibt der Vogel sogar ein Kreischen oder Knurren von sich. Reichen diese Drohgebärden nicht aus, um den anderen zum Nachgeben zu bewegen, hacken die Tiere einander. Wird die Situation allzu beklemmend für einen der Vögel, so hebt er bedrängt einen Fuß hoch in Richtung des Gegners und signalisiert seinem Rivalen ein eindeutiges „Stopp! Ich ergebe mich“. Unter Artgenossen werden diese Signale stets erkannt und zumeist auch akzeptiert. Manche Streitigkeiten enden oftmals auch durch das „Flüchten“ eines Beteiligten.

Die Gelbschulter-amazone

versucht durch Auffächern der Schwanzfedern und Verengen der Pupillen zu imponieren.

Imponiergehabe

Nicht nur, aber überwiegend bei den männlichen Papageien und Sittichen ist dieses Verhalten zu beobachten: Der Vogel macht sich groß und plustert sein Gefieder auf. Manchmal „stolziert“ der Vogel dann auch auf Ästen und legt ein intensives Revierverhalten an den Tag. Bei Amazonen gehört auch das Spreizen der Schwanzfedern (Fächern) zum Imponierverhalten. Man sollte dieses Verhalten niemals unterschätzen, insbesondere, wenn es eindeutig aus territorialen und nicht etwa aus spielerischen Beweggründen gezeigt wird!

Schnabel an Gegenständen reiben

Der Vogel signalisiert damit: „Das gehört mir!“ Oft lässt sich dieses Verhalten beobachten, sobald neues Spielzeug genauer betrachtet, als „ungefährlich“ eingestuft und anschließend in Besitz

genommen wurde. Das Schnabelreiben dient aber auch der Reinigung nach der Futteraufnahme, insbesondere nach dem Verzehr von Obst oder Gemüse oder nach der gegenseitigen Fütterung.

Mit dem Schnabel klopfen

Dieses Verhalten kann zum einen ebenfalls Besitzansprüche ausdrücken, zum anderen ist es für manche Papageien und Sittiche lediglich ein Spaß. Wenn Sie während des Spielens mit den Fingern beispielsweise auf eine Tischplatte klopfen, wird Ihr Vogel dieses Verhalten mit Begeisterung beobachten und alsbald beginnen, es nachzuahmen: Er wird mit seinem Schnabel ebenfalls auf die Tischplatte klopfen.

Scharren auf dem Boden

Manche Heimvögel zeigen damit die Brutlust an (Nestbau), andere scharren aber einfach nur im Einstreu herum, weil es ihnen Freude bereitet. In meiner Papageiengruppe lebt ein Weibchen, das dieses Verhalten mit Vorliebe an den Tag legt, während frisch eingestreut wird. Es scheint dem Vogel große Freude zu bereiten, mich scharrend bei der Arbeit zu unterstützen.

Gesenktes Köpfchen

Die eindeutigste Aufforderung zum Kraulen und ein tiefer Vertrauensbeweis – sowohl Artgenossen als auch dem Pfleger gegenüber. Manche Vögel schließen dabei voller Hingabe die Augen und genießen die Streicheleinheiten in vollen Zügen.

Attacke!

Wer mehrere Heimvögel besitzt, konnte dieses Verhalten vielleicht schon hautnah miterleben: Ein Vogel sträubt das Gefieder, verengt die Pupillen und geht mit gesenktem Kopf auf seinen „Gegner" zu. Weicht der Rivale nicht zurück, kann es blitzschnell gehen – der Vogel geht zum Angriff über, er hackt und/oder beißt.

Der Weißhaubenkakadu (links)

zeigt seine Stimmung durch seine imposante Haube an.

Die Panama-Amazone (rechts) signalisiert: Dieser Platz gehört mir!

Gegensätze

Links: Dieses Graupapageiweibchen genießt die Streicheleinheiten des menschlichen Pflegers.

Rechts: „Luftangriff" zweier Timneh-Graupapageien

Ein zeitweise auftretendes Kräftemessen und kleine Raufereien gehören durchaus in das Gemeinschaftsleben und das soziale Gefüge unserer Heimvögel. Nur sollten Streitereien nicht an der Tagesordnung sein und auch keine schlimmen Verletzungen nach sich ziehen.

Flackernde, sich verengende Pupillen

Jetzt ist höchste Vorsicht geboten! Der Vogel ist gereizt oder fühlt sich stark bedrängt. Möglicherweise ist dieses Verhalten auch mit dem Sträuben und Aufstellen des Gefieders verbunden. Sollten Sie diese Warnungen womöglich ignorieren, besteht die Gefahr, dass der Vogel zubeißt (siehe auch Attacke).

Schnabelknirschen

Der Vogel signalisiert damit, dass er sich völlig wohl, geborgen und sicher fühlt. Das Kopfgefieder ist leicht aufgeplustert, meist wird ein Bein in das Bauchgefieder gezogen. Die gesamte Haltung wirkt völlig entspannt und locker. Das Schnabelknirschen kann oft abends vor der Nachtruhe beobachtet werden oder aber auch in gemütlichen Stunden mit den Artgenossen (Ruhephasen) oder dem Pfleger.

„Schwitzen"

Die normale Körpertemperatur der Papageien und Sittiche liegt mit 42,5° sehr viel höher als bei uns Menschen. Trotzdem hat Mutter Natur sie nicht mit der Fähigkeit des Schwitzens ausgestattet. Zumindest nicht in der Form, wie wir es von uns kennen.

Um die Körpertemperatur an heißen Tagen oder nach großer Anstrengung zu senken, spreizen die Vögel ihre Flügel leicht vom Körper ab. Dies ermöglicht die Kühlung der Flanken, die ansonsten von den wärmenden Flügeln bedeckt sind. Oft kann man zusätzlich eine stoßweise Atmung, das

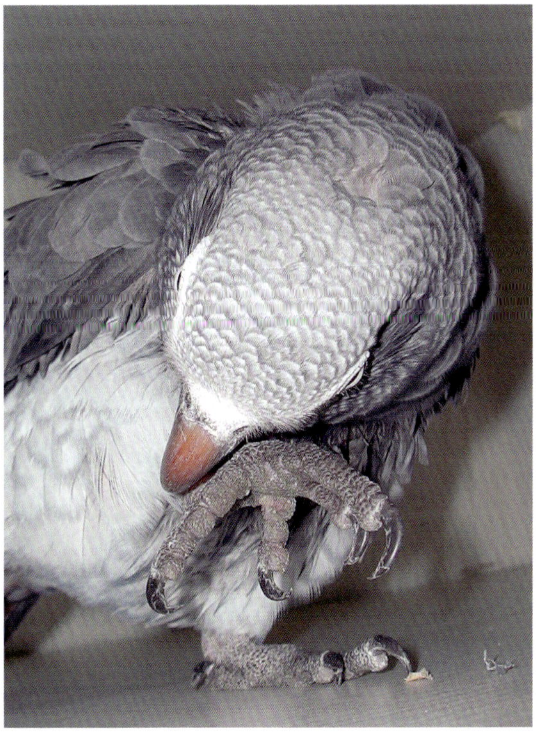

sogenannte Hecheln, beobachten. Dieses Verhalten, welches dem von Hunden ähnelt, verschafft den Vögeln innerliche Kühlung.

Verlegenheitsgesten und Leerlaufhandlung

Der Vogel kann nicht mit einer adäquaten Handlung auf eine Situation reagieren, oder er schwankt zwischen mehreren Möglichkeiten.

Beispiel: Der Vogel will den Pfleger beißen, weiß aber, dass er dies nicht darf, und beißt stattdessen in einen Ast oder sein eigenes Bein. Ein Mensch würde sich vielleicht verlegen am Kopf kratzen oder unter der Nase reiben.

Ein weiteres Beispiel: Der Halter verlässt den Raum und der Vogel will mit, weiß aber, dass er dableiben muss. Der Vogel nimmt daraufhin einen Zeh in den Schnabel. Ein Mensch würde eventuell unsicher an den Fingernägeln kauen.

Eines meiner Graupapageiweibchen dreht sich stets einmal um die eigene Achse, wenn ich das Papageienzimmer verlasse und es genau weiß, dass es nicht mitkommen darf, obwohl es dies überaus gerne würde.

Balzen

Das Verhalten eines balzenden Papageis oder Sittichs ruft bei Anfängern in der Vogelhaltung oft Verunsicherung hervor. Berichten zufolge wurden die Liebesbeweise so manchen Vogels aus Unwissenheit heraus zunächst als Anzeichen einer Krankheit interpretiert.

Ein balzender Sittich oder Papagei stellt seine Flügel mit zitternden Bewegungen ab oder lässt sie stark am Körper herunterhängen. Zumeist gibt der Vogel auch quietschende Laute von sich, „tanzt" hin und her und macht allgemein einen sehr aufgeregten Eindruck. Gleichzeitig kann meist das Heraufwürgen von Futter beobachtet werden.

Verlegenheitsgesten und Balz

Links: Verlegenheitsgeste eines Timneh-Graupapageis.

Rechts: Balzen und gegenseitiges Füttern dieser Graupapageien stärken die Paarbindung.

Die Blaustirn-amazone

lernt mit Belohnung gleich doppelt so gut.

Erziehen durch Verständnis

Das Wissen um Körpersprache, Mimik und Gestik kann uns unterstützen, wenn es darum geht, unsere Papageien und Sittiche besser zu verstehen. Was aber können wir Menschen tun, damit unsere gefiederten Freunde uns besser verstehen? Auch das ist enorm wichtig, um ein harmonisches Miteinander zu ermöglichen.

Wie gehen wir beispielsweise mit Papageien und Sittichen um, die mit Vorliebe immer wieder auf „verbotenen Plätzen" landen und sich dort mittels Benagen die Zeit vertreiben? Dieses Phänomen kennt wohl fast jeder Vogelhalter, denn die meisten Heimvögel werden nicht in Großvolieren außerhalb des Wohnbereiches gehalten, sondern leben eng mit ihren Besitzern zusammen. Die Vögel genießen den zeitweisen Freiflug und die Beschäftigung mit dem menschlichen Pfleger. Häufig kommt es hierbei jedoch vor, dass die Vögel sich, wie eingangs erwähnt, auf Plätzen niederlassen, die für sie tabu sind.

Auch hier gilt, wie in der gesamten Heimvogelhaltung, das oberste Gebot: Keine Gewaltanwendung, weder psychischer noch physischer Natur!

Es gibt genügend sanfte Erziehungsmethoden, um den Vögeln klar zu machen, wo ihre Grenzen sind. So kann man den Tieren durch ein klar formuliertes, beherztes „Nein!" deutlich machen, dass bestimmte Gegenstände und Handlungen tabu sind. Ihre Vögel werden die Veränderung in Ihrer Stimme erkennen. Auch empfiehlt es sich, die Tiere von „verbotenen Plätzen" konsequent wegzusetzen, wenn nötig mehrfach hintereinander, bis auch der Letzte verstanden hat, dass man sich an besagter Stelle nicht niederlassen darf.

Sollte man wider Erwarten keinen Erfolg mit dieser Methode haben, so bleibt noch die Möglichkeit, verbotene Plätze abzudecken. Mit einem Hut, einem Schal, einem Handtuch oder einem anderen Gegenstand, der den Vögeln unbekannt ist und vor allem etwas unheimlich erscheint: Wo so „gefährliche" Objekte gesichtet werden, kann man sich unmöglich niederlassen! Türkanten können auch gut durch das Anbringen von Leisten vor den Krummschnäbeln geschützt werden.

Lassen Sie sich bitte von niemandem einreden, Sie müssten Ihre Vögel „durch die Gegend scheuchen" oder „so richtig zeigen, wer der Boss ist". Damit verhält es sich ähnlich wie mit den vorher angesprochenen Bestrafungen. Solche äußerst fragwürdigen Erziehungsmaßnahmen sind niemals eine wirkliche Lösung und erst recht keine gute Basis für die erstrebte jahrzehntelange glückliche Vogel-Mensch-Beziehung.

Je besser das Verhältnis zwischen Ihnen und Ihren Vögeln ist, je harmonischer der allgemeine Umgang, desto leichter ist das tägliche Miteinander und desto mehr Freude haben Sie, wenn Sie sich mit Ihren gefiederten Pfleglingen beschäftigen.

Ganz wichtig im Umgang mit den intelligenten Federfreunden ist das ausgiebige Loben für positives Verhalten. Gewöhnen Sie sich an, Ihre Vögel stets – etwa mit ein paar netten Worten – zu loben, wenn sie beispielsweise auf die Hand gestiegen sind. Freuen Sie sich immer wieder aufs Neue darüber und zeigen Sie das auch Ihren gefiederten

Eine Übung für den Ernstfall:

Dieser Nymphensittich kennt und beherrscht das Kommando „Auf“ perfekt.

Kameraden. Allzu schnell verfallen wir in Selbstverständlichkeiten, die eigentlich keine sind. Das merken wir spätestens dann, wenn wir – an diesem Beispiel gemessen – einen Vogel in Obhut nehmen, der eben nicht „so einfach“ im Umgang ist.

Belohnungen, egal in welcher Form, bringen Freude und motivieren unsere gefiederten Freunde. Ob Streicheleinheiten, überschwängliche Worte oder eine kleine Leckerei – finden Sie heraus, für welche Art der Belohnung Ihre Vögel am ehesten zugänglich sind.

Seien Sie konsequent mit sich, wenn es um das stetige Loben geht. Seien Sie jedoch, wie eingangs erwähnt, genauso konsequent in der Aufstellung und Einhaltung klarer Regeln. Das Zusammenspiel dieser Komponenten ist unerlässlich, um den Vögeln unsere Erwartungen näher zu bringen. Nur wenn Sie Ihre Krummschnäbel beispielsweise immer wieder freundlich, aber klar und bestimmt vom Küchenschrank verweisen, werden die Tiere verstehen, dass sie dort nicht sitzen dürfen. Sind Sie hier nachlässig und drücken jedes zweite Mal ein Auge zu, dürfen Sie sich nicht wundern, wenn Ihre Vögel nicht verstehen, warum Sie beim übernächsten Mal schimpfen und sich furchtbar aufregen, weil sie schon wieder auf dem „verbotenen“ Platz sitzen.

Gewöhnen Sie Ihre Vögel an die Kommandos „Auf“ und „Ab“. Das erleichtert nicht nur den Alltag mit Ihren gefiederten Pfleglingen, sondern fördert auch das Vertrauen und regt die geistige Aktivität Ihrer Heimvögel an. Papageien und Sittiche sind sehr gelehrig und haben große Freude daran, Neues aufzunehmen und ihr Können unter Beweis zu stellen. Sie werden gemeinsam viel Spaß haben, und die Beschäftigung mit den Tieren nimmt völlig neue Formen an.

Im Ernstfall können diese Kommandos sogar das Leben Ihrer gefiederten Freunde retten, denn in gefährlichen Situationen ist es wichtig, keine Zeit zu verlieren und die Vögel umgehend aus der Gefahrenzone bringen zu können.

Vögel, die handzahm sind, lernen Kommandos in der Regel durch positive Verstärkung sehr schnell. Hingegen braucht man bei Vögeln aus der Elternaufzucht etwas mehr Geduld. Für diese und alle anderen, etwas scheueren Vögel empfiehlt es sich, einen Ast oder Stock zu benutzen, auf den die Tiere steigen können. Davor haben sie oft viel weniger Scheu als vor der menschlichen Hand. Mit ein wenig Übung und stetiger Belohnung werden aber auch diese Vögel alsbald verstehen, was Sie von ihnen möchten, und das Erlernte auch sicherlich gerne zeigen.

Tipp: Beherrschen Ihre Vögel die Kommandos „Auf“ und „Ab“, wird aus den nervenaufreibenden Bemühungen – etwa „Wie bekomme ich die Vögel nach dem Freiflug wieder in die Voliere?“ – ein entspanntes Handeln, das beiden Seiten Spaß macht und das positive Verhältnis zwischen Ihnen und Ihren Vögeln verstärkt.

Basis-Training

Dieser Rosakakadu

findet großen Gefallen an seinem Spielzeug – und beschäftigt sich völlig eigenständig damit.

Liz Wilson, Tierarzthelferin und zertifizierte Papageien-Verhaltensberaterin (Parrot Behavior Consultant) sowie Autorin, beschäftigt sich seit über 20 Jahren mit Papageien und ihrem Verhalten. Ihren langjährigen Erfahrungen nach ist die Quelle der meisten Probleme nicht das Tier, sondern der Mensch und seine oft unrealistischen Erwartungen an den Heimvogel, aber auch ein Mangel an Kontrolle, Verständnis und vor allem Wissen. Sie empfiehlt das nachfolgende Basis-Training für Heimvögel:

- Bringen Sie Ihrem Vogel bei, beim Kommando „Auf" auf Ihre Hand zu steigen!
- Bringen Sie Ihrem Vogel bei, beim Kommando „Ab" von der Hand herunterzusteigen!
- Bringen Sie Ihrem Vogel bei, was das Kommando „Nein!" bedeutet und dass er sofort beendet, was er tut, wenn Sie dieses Wort benutzen!
- Bringen Sie Ihrem Vogel bei, was das Wort „Gut!" bedeutet!
- Bringen Sie Ihrem Sittich oder Papagei bei, alleine weiterzuspielen und sich zu beschäftigen – unabhängig davon, ob Sie als Mensch sich weiterhin im selben Raum aufhalten oder diesen verlassen!
- Zeigen Sie Ihrem Vogel, wie er sich in seinem Käfig oder seiner Voliere beschäftigen kann!
- Bringen Sie Ihrem Vogel bei, auch ohne direkten körperlichen Kontakt mit Ihnen einige Zeit zu verbringen!

Einem Vogel beizubringen, sich alleine zu beschäftigen, ist gewiss eine große Herausforderung, aber es ist nicht unmöglich und trägt immens zu einem harmonischen Miteinander bei. Voraussetzung hierfür ist natürlich, dass dem Vogel angemessenes Spielzeug zur Verfügung steht und ihm auch gezeigt wird, wie es zu verwenden ist. Auf die unterschiedlichen Beschäftigungsmöglichkeiten gehe ich in den nachfolgenden Kapiteln noch detailliert ein.

Fünf Sinne sind zur Nutzung da!

Papageien und Sittiche können erheblich mehr fühlen und „sehen", als der Mensch sich oftmals vorstellen kann. Unsere Heimvögel – und hier ganz besonders die intelligenten großen Papageien – können mit ihren Sinnen ganz genau wahrnehmen, ob der Halter traurig, gereizt, fröhlich oder aggressiv ist. Es sind sehr feinfühlige Wesen mit einem ausgeprägten Gespür für die Ausstrahlung anderer Geschöpfe.

Uns Menschen ist selbst meist gar nicht bewusst, wie viele Signale wir aussenden. Wir verraten den Vögeln unbewusst, wenn wir lügen, welche Gefühle wir hegen, wen wir mögen und wen nicht. Es ist somit nicht verwunderlich, wenn ein Neuling in der Vogelhaltung erstaunt berichtet, der Papagei oder Sittich hätte ihn durchschaut, obwohl der Halter sein Bestes gab, um nicht unsicher oder gar ängstlich zu wirken.

Aufgrund dieser Erkenntnisse ist gut nachvollziehbar, wie sehr ein Vogel leidet, wenn er sich nicht ausreichend beschäftigen und folglich seine feinen Sinne nicht gebrauchen kann. Es lohnt sich also, auf diesen Bereich in der Heimvogelhaltung noch ein wenig genauer einzugehen.

Sehen

Vögel sind sehr stark auf eine gute Sehkraft angewiesen. Betrachten wir beispielsweise einen Greifvogel. Er muss aus großer Höhe Beute erkennen können. Ein Papagei oder Sittich wiederum muss als Beutetier einen Greifvogel und andere Feinde schon in weiter Ferne sichten können oder auch in dichtestem Geäst Früchte und kleinste Insekten finden. Um eine so erstaunlich gute Sehfähigkeit zu gewährleisten, hat Mutter Natur das Vogelauge so konzipiert, dass es je nach Vogelart bis zu 50 Prozent des gesamten Kopfvolumens einnimmt. Im Gegensatz zu uns Menschen sind Vögel sogar imstande, ultraviolettes Licht zu sehen.

Blaustirnamazone

Diesem Auge entgeht nichts.

Da unsere Heimvögel also über ein hervorragendes Sehvermögen verfügen, das dem unseren weit überlegen ist, nehmen sie ihre Umgebung facettenreich wahr. Sie mögen Farben, und mancher Vogel hat diesbezüglich echte Vorlieben, was der eine oder andere Halter sicherlich bestätigen kann. Diese Freude an Farben sollten wir uns in der Heimvogelhaltung zu Nutzen machen – nicht ohne Grund wird deshalb auch Papageien- und Sittichspielzeug überwiegend bunt konzipiert.

Gestalten Sie das Umfeld Ihrer Vögel mit den in der Natur vorherrschenden Farben Grün, Blau und Gelb.

Mit Gelb assoziieren wir und auch die Tiere Sonnenschein, Lebendigkeit und Wärme. Es ist die stärkste und wichtigste Farbe im Leben unserer Heimvögel und sollte auf jeden Fall Verwendung finden. Grün vermittelt das Gefühl von Wohlbehagen, Ruhe und Ausgeglichenheit; zudem ist Grün die Farbe der Natur und sollte daher, auch in Form von ungiftigen Pflanzen, in der näheren Umgebung der Vögel auf gar keinen Fall fehlen. Die drittwichtigste Farbe für unsere gefiederten

In einem lebendig gestalteten Umfeld

fühlen sich unsere gefiederten Freunde wohl.

Freunde ist Blau. Dieses steht für Weite, Unbegrenztheit, aber auch für Kühle. Blau sollte daher nur in sehr heller Nuance verwendet werden, um nicht zu dunkel oder zu kühl zu wirken. Orientieren Sie sich am besten am strahlenden Blau des Himmels, dann können Sie nichts falsch machen.

Diese und andere Farben kommen auch in der Farbtherapie zum Einsatz, da bestimmte Farben gezielte positive Wirkungen auf den Körper und die Psyche haben.

Farben lassen einen Raum „lebendig" erscheinen, und mit relativ geringem Aufwand gelingt es uns so, mehr Wohlbefinden, Lebensfreude und Aktivität in den Alltag unserer Vögel zu bringen. Lassen Sie Ihrer Phantasie freien Lauf – malen Sie Palmen, Farne, Bäume oder Blumen an die Wand, streichen Sie die Zimmerdecke in hellem Pastellblau oder platzieren Sie eine strahlende Sonne an passender Stelle.

Eine weitere Möglichkeit der Wandgestaltung bieten Fototapeten mit passenden Motiven, wie etwa eine Südseeinsel, Palmen, ein Gebirgsbach oder auch Wälder und Wiesen. Bedenken Sie jedoch bei der Planung, die Tapeten nur an den Wänden anzubringen, welche die Vögel nicht erreichen können – ansonsten machen sich die gefiederten Freunde schnell daran, die Fototapete anzuknabbern!

Bei der Wahl von Farbe und Motiv sollten Sie darauf achten, keine zu kräftigen Farben oder jene mit starker Signalwirkung zu nehmen wie etwa Rot oder Schwarz, da diese die Vögel unter Dauerstress setzen könnten.

Neben der farblichen Gestaltung sollten wir unser Augenmerk auch auf die Lichtverhältnisse richten. Das richtige Licht ist ein wichtiger Aspekt in der Vogelhaltung, dem leider allzu oft nicht die nötige Aufmerksamkeit geschenkt wird. Im schlimmsten Falle wird dieses Thema sogar völlig außer Acht gelassen. Dabei sind die richtigen Lichtverhältnisse ebenfalls maßgeblich am Wohlbefinden, der Aktivität und der Gesunderhaltung unserer Heimvögel beteiligt.

Käfig und Voliere sollten, wie bereits erwähnt, nicht in einer düsteren Zimmerecke oder gar im Keller ohne genügend Tageslicht stehen. Vögel sind „lichthungrig" und erkranken an Leib und Seele, wenn sie ständig im „Halbdunkeln" leben müssen. Wichtig ist auch, den Tieren zeitweise Zugang zum direkten Sonnenlicht zu gewähren, da UV-Strahlen nicht durch Fensterscheiben dringen können. Vögel benötigen einen gewissen Anteil an UVA- und UVB-Strahlung, um auf Dauer gesund und fit zu bleiben. Erst durch die UV-Strahlung verwandelt sich das bis dahin unwirksame Vitamin D_2 in wirksames Vitamin D_3, welches unter anderem für die Knochenbildung verantwortlich ist.

In der Winterzeit und an trüben Regentagen, wenn die Sonne kaum den Tag erhellt, empfiehlt sich der Einsatz von speziellen Vogellampen aus dem Fachhandel. Diese Lampen erstrahlen in einem besonderen, sehr hellen Licht mit dem für unsere Heimvögel optimalen 2,4% UVB- und 12%

Der Raum für diese Rosakakadus

wurde mit einer Fototapete ausgestattet.

UVA-Anteil. Dass die Vögel dieses Licht und die UV-Strahlung mögen, kann man oft daran sehen, dass sie sich gerne in der Nähe dieser Lampen aufhalten und sich die Zeit mit einem künstlichen „Sonnenbad“ aus der UV-Lampe vertreiben.

Wichtig: Bedenken Sie, dass Ihre Vögel tagtäglich denselben Lebensraum vorfinden, in dem sie verweilen und sich beschäftigen können. Ist dieser öde, trist und farblos gestaltet, kann sich dies sehr negativ auf die Psyche der Tiere auswirken.

Farben und Licht hingegen aktivieren nachweislich das „Energiesystem“ und wirken sich sehr positiv auf die Tiere aus.

Riechen

Denken Sie bitte auch daran, Ihre gefiederten Freunde immer ausreichend mit Frischluft zu versorgen. Durch regelmäßiges Lüften wird zum einen verbrauchte, sauerstoffarme Luft ausgetauscht, zum anderen wirkt diese Vorgehensweise einer übermäßigen Staubansammlung entgegen. Denn wo Sittiche und Papageien gehalten werden, fällt immer eine Menge Schmutz und Staub an: bedingt durch Futter, Einstreu und abgenagtes Holzspielzeug, aber auch durch die Vögel selbst, da sich bei der täglichen Gefiederpflege kleinste Federchen, Hülsen und Hautschüppchen, vor allem aber feinster Gefiederstaub lösen. Das ausgiebige, oft auch gegenseitige Gefiederputzen ist

Saubere Luft

Optimale Lichtverhältnisse und saubere Luft

sind überaus wichtig für die Gesundheit unserer Vögel; der Nymphensittich fühlt sich in seiner Umgebung offensichtlich wohl.

ein ganz wichtiger Bestandteil des sozialen Lebens unserer Heimvögel und ein beträchtlicher Teil des Tages wird hierauf verwendet. Es ist also eine natürliche Art der Beschäftigung, die aber eben ihre Spuren hinterlässt. Insbesondere Kakadus und Graupapageien gehören zu den Arten, deren Puderdunen intensiv Staub produzieren. Aber auch kleinere Vertreter wie etwa Nymphensittiche können sehr viel Gefiederstaub abgeben.

Neben regelmäßigem Lüften stellen Ionisatoren eine zusätzliche Möglichkeit dar, um die Raumluft für Halter und Vögel zu „erfrischen". Diese Geräte erzeugen konstant sogenannte Negativ-Ionen, die, was der Name gar nicht vermuten lässt, eigentlich etwas Gutes sind. Je mehr Negativ-Ionen vorhanden sind, desto frischer und sauberer ist die Luft. Sie wird auf diese Weise von Rauch, Staub und sogar von Bakterien, Viren und Pilzsporen gereinigt. Vor allem den Staubpartikeln kann man mit einem Ionisator gut zu Leibe rücken, da Staubpartikel überwiegend aus positiv geladenen Teilchen bestehen, die die natürlich vorhandenen Negativ-Ionen zurückdrängen. Um die Qualität der Raumluft deutlich zu verbessern, sollte ein Ionisator kontinuierlich bzw. laut Herstellerangaben in Gebrauch sein. Negativ-Ionen entladen sich rasch an anderen Molekülen, sodass nur ein regelmäßiger oder gar dauerhafter Einsatz des Gerätes wirklichen Nutzen bringt. Da der Stromverbrauch guter Geräte sehr gering ist (unter 10 Watt), dürfte der regelmäßige bzw. konstante Einsatz eines Ionisators auch keine finanziellen Probleme bereiten. Lassen Sie sich im Fachhandel beraten, welches Gerät für Ihre Zwecke geeignet ist. Beachten Sie bitte, dass etwaige Zuleitungen „schnabelsicher" verlegt werden müssen.

Eine echte Alternative und sozusagen „natürliche" Ionisatoren stellen Salzkristall-Lampen dar. Durch die Erwärmung der Salzkristalle werden Negativ-Ionen produziert. Das sanfte Licht sorgt für einen zusätzlichen Wohlfühleffekt. Nicht verschwiegen werden darf allerdings der höhere Stromverbrauch, der mit einem guten Ionisator (wie oben beschrieben) nicht vergleichbar ist.

Zu empfehlen sind auch Geräte, welche die Luft „waschen" können. Die im Raum befindliche Luft wird befeuchtet und gereinigt, die Handhabung eines solchen Gerätes ist ebenso einfach wie die eines Ionisators und auch der Stromverbrauch ist mit durchschnittlich 20 Watt als gering einzustufen.

Auf eine regelmäßige Frischluftzufuhr sollten Sie trotz Einsatz eines Ionisators oder Luftwäschers jedoch keinesfalls verzichten. Bei entsprechenden Temperaturen und getroffenen Sicherheitsmaßnahmen, wie beispielsweise durch das Anbringen eines engmaschigen Drahtgeflechtes innen vor dem Fenster, kann man dieses den Tag über leicht gekippt lassen. In der kalten Jahreszeit sollte die Umgebung der Vögel täglich kurz gelüftet werden; hierbei ist aber immer darauf zu achten, dass die Tiere nicht der Zugluft ausgesetzt sind.

Bei unzureichender Frischluftversorgung läuft man Gefahr, dass die Vögel erkranken. Insbesondere das Atmungssystem unserer gefiederten Freunde ist sehr empfindlich und wird schnell in Mitleidenschaft gezogen.

Wichtig: Für die Gesunderhaltung, Aktivität und das Wohlbefinden unserer Heimvögel ist eine gute Raumbelüftung ebenso wichtig wie ausreichendes Tageslicht. Beides wirkt sich positiv auf die Atmungsorgane, den Hormonhaushalt, den Stoffwechsel und das Immunsystem der Tiere aus.

Es sollte selbstverständlich sein, in den Räumen, in denen Heimvögel untergebracht sind, nicht zu rauchen. Zum einen ist es schädlich für die Gesundheit der Vögel und zum anderen legt sich der Rauch- und Nikotingeruch auf das Gefieder. Die Tiere werden versuchen, bei der Gefiederpflege diesen „Gestank" loszuwerden. Sollte dies unter normalen Umständen nicht gelingen, kann es durchaus passieren, dass die Vögel beginnen, das Gefieder zu beknabbern, weil sie sich nicht anders zu helfen wissen und der „Störenfried Rauch" nicht verschwinden will.

Prinzipiell sollte man sich als Raucher auch immer erst die Hände waschen, bevor man die Vögel berührt, da ansonsten die Gefahr der Nikotinübertragung auf Gefieder und Haut der Tiere besteht.

Fühlen

Ein Faktor, der ungemein viel zur Gesunderhaltung und zum Wohlbefinden unserer Heimvögel beiträgt, ist die richtige Luftfeuchtigkeit.

Idealerweise beträgt diese etwa 50 bis 60%. Ist die Luftfeuchtigkeit hingegen permanent zu niedrig, kann dies bei Papageien und Sittichen schnell zu trockener Haut und somit zu quälendem Juckreiz führen. Folglich können die Tiere keinem normalen Tagesablauf nachgehen, sie beschäftigen sich überwiegend damit, unruhig und gestresst an ihrem Gefieder herumzunesteln und sich gegen den permanenten Juckreiz auf der Haut zur Wehr zu setzen. Das ist auf Dauer eine unzumutbare Situation für die Tiere und im schlimmsten Fall kann der ständige Juckreiz sogar Federrupfen auslösen.

Dieses Graupapageien-Weibchen

liebt es, unter dem Wasserhahn zu duschen.

Auch beeinträchtigt eine konstant zu trockene Luft die Atmungsorgane der Vögel genauso negativ, wie die im vorigen Abschnitt angesprochene verbrauchte, sauerstoffarme Luft. Am besten kontrolliert man daher in regelmäßigen Abständen die Luftfeuchtigkeit mit Hilfe eines Hygrometers.

Vor allem in den Wintermonaten kann die trockene Heizungsluft unseren gefiederten Freunden sehr zu schaffen machen. In dieser Zeit lässt sich die Luftfeuchtigkeit leicht mittels feuchter Tücher, die während der Trocknung Feuchtigkeit abgeben, oder durch eine aufgestellte Wasserschüssel, deren Inhalt verdunstet, erhöhen.

Die richtige Luftfeuchtigkeit alleine reicht jedoch nicht aus, um die empfindliche Haut und das Gefieder unserer Heimvögel ausreichend zu pflegen. Regelmäßiges Besprühen, zum Beispiel mit einer

Baden und Duschen

Baden und Duschen machen Spaß.

Der Nymphensittich (links) bevorzugt einen Wassernapf, während der Timneh-Graupapagei (rechts) einen Schauer aus der Blumendusche liebt.

eigens hierfür angeschafften Blumendusche, oder das Baden in einer großen Schüssel mit lauwarmem, keinesfalls heißem Wasser, sind hierfür unerlässlich. Manche Vögel baden auch gerne in nassen Salatblättern oder sogar im Waschbecken. Probieren Sie einfach aus, wie Ihre Vögel das erfrischende, pflegende Nass am liebsten mögen. In freier Natur kann man Papageien und Sittiche, aber auch andere Vögel regelmäßig bei dieser Art der Körperpflege beobachten. Berücksichtigt man diesen Aspekt, so ist die regelmäßige Möglichkeit zu duschen oder zu baden in einem artgemäßen Haltungssystem unumgänglich. Auch sind die Vögel mit dem anschließenden Putzen, Trocknen und Ordnen des Gefieders eine Zeit lang sehr sinnvoll und völlig natürlich beschäftigt.

Sollte Ihr Vogel auf Wasser ängstlich reagieren, haben Sie vielleicht einfach noch nicht die richtige Methode herausgefunden. Geduld heißt hier, wie so oft in der Vogelhaltung, das Zauberwort. Gehen Sie bei wasserscheuen Vögeln in jedem Falle sehr behutsam vor und drängen Sie nicht zu sehr – Sie laufen sonst Gefahr, Vertrauen zu zerstören und die Angst vor dem Wasser (unnötig) nur noch größer werden zu lassen.

Neben der wöchentlichen „Duschorgie“ stelle ich meinen Papageien zusätzlich jeden Tag eine große flache Schale mit frischem Wasser zur Verfügung. So können die Vögel jeden Tag nach Belieben baden, und zudem trägt diese Vorrichtung zum Erhalt einer guten Luftfeuchtigkeit bei. Auch für Sittiche eignet sich eine mittelgroße, flache Badeschale hervorragend, denn es gibt durchaus Vögel, welche die handelsüblichen, doch sehr kleinen Badehäuschen nicht gerne aufsuchen.

Hören

Das Gehör ist bei Papageien und Sittichen ebenso gut ausgeprägt wie das Sehvermögen. Dass dies auch nötig ist, sehen wir, wenn wir nochmals den Blick auf das Leben in freier Wildbahn richten. Um den vielen Räubern dort nicht zum Opfer zu fallen, müssen die Vögel diese schon von weitem sehen und vor allem hören. Freilebende Krummschnäbel müssen in vielen Situationen auf der Hut sein, und Beobachtungen haben gezeigt, dass sogenannte „Wächter“, meist ältere und erfahrene Vögel, den Überblick bewahren, während der Rest des Schwarmes sich beispielsweise der Nahrungsaufnahme widmet.

Hören

Dieser Urinstinkt der Wachsamkeit und das Wissen darum, ein Beutetier zu sein, ist auch an unseren Heimvögeln nach wie vor zu beobachten. Ein ungewöhnliches Geräusch, und schon sind die Tiere in „Hab-Acht-Stellung" oder schrecken gar auf. Auch zeigt sich das fabelhafte Hörvermögen an der Fähigkeit, selbst die leisesten Wildvogelstimmen wahrzunehmen und zu imitieren.

Wussten Sie, dass Papageien und einige Sitticharten sogar fähig sind, Töne im Infraschallbereich zu hören? Das bedeutet, dass sie auch solche Geräusche wahrnehmen können, die für unsere Ohren zu tief sind – das menschliche Ohr ist für Infraschall nahezu unempfindlich. Der Gleichgewichtssinn befindet sich bei Vögeln, wie beim Menschen auch, im Ohr. Wenn Sie also feststellen, dass ein Vogel sich nicht mehr auf dem Ast halten kann, sollte immer auch eine Erkrankung bzw. Verletzung der Ohren mit in Betracht gezogen werden.

Ein Papagei oder Sittich hält nahezu den ganzen Tag mittels allerlei Lautäußerungen Kontakt zu seinen Artgenossen. Egal, ob in freier Natur oder im heimischen Wohnzimmer – Kontaktrufe, Bettelrufe, Alarmrufe oder Balzlaute – jeder Vogel beherrscht dieses große Repertoire. Sicherlich konnten Sie schon selbst die Erfahrung machen: Man ruft Sie als „Mitglied des Schwarms", wenn Sie sich in einen anderen Raum begeben. Vor allem bei sehr jungen Papageien und Sittichen kommt dies häufiger vor, sobald der Halter außer Sichtweite ist. In solchen Situationen hilft meist ein kurzer Pfiff zurück oder ein liebes Wort, um ihm die Sicherheit zu geben, dass „sein Schwarm" ihn nicht zurückgelassen hat.

Da unsere gefiederten Freunde über ein so empfindsames Gehör verfügen, sollte man stets in normaler Lautstärke mit ihnen kommunizieren. Das mögen sie, und entsprechend ist auch das Verhalten und die Lautäußerungen der Vögel. Auf schrille Töne, Gebrüll und Lärm reagieren sie meist ängstlich und unsicher. Manche Vögel empfinden so ein „Theater" aber auch als Ansporn und beteiligen sich dementsprechend lautstark.

Dieser Graupapagei

hört ganz genau zu.

Auch wenn Sie das Gefühl haben, Ihre Vögel seien sehr laut und Sie müssten sich mittels Machtworten behaupten, erliegen Sie bitte nicht diesem Irrtum. Je lauter Sie reagieren und je mehr Sie mit den Tieren schimpfen, desto weniger Erfolg werden Sie wahrscheinlich damit haben. Entweder verängstigen Sie die Tiere oder die Vögel werden versuchen, Sie zu übertönen – vor allem Papageien lieben „Theater" und deuten Ihre Reaktion eventuell falsch. Versuchen Sie stattdessen leise, gegebenenfalls sogar im Flüsterton, beruhigend mit den Vögeln zu reden oder ignorieren Sie in solchen Momenten Ihre Krummschnäbel, wenn der Lautstärkepegel Ihrer Meinung nach lang anhaltend überschritten wird.

Oft kann in solchen Fällen auch Musik eine ausgleichende Wirkung erzielen. Aber selbst wenn Sie

Hören

Diese Blaustirnamazone liebt klassische Musik

– und lauscht andächtig dem melodischen Klang.

keinen Grund dafür sehen, lassen Sie zwei- oder dreimal in der Woche leise ein Radio laufen. Sie werden schnell feststellen, dass Ihre Vögel die Musik als willkommene Bereicherung im Alltag empfinden, und gewiss werden Ihre gefiederten Freunde gerne mitpfeifen oder auch einfach nur andächtig lauschen.

Unter den Krummschnäbeln gibt es, wie auch bei uns Menschen, ganz unterschiedliche Geschmäcker in Sachen Musikrichtung. Der eine Vogel liebt klassische Musik, der nächste hört lieber Volksmusik und mancher Papagei oder Sittich lässt gerne die Seele baumeln, während man Balladen abspielt. Oder wagen Sie selbst ein Tänzchen zu flotten Rhythmen – der ein oder andere Vogel wird sicherlich begeistert mitschaukeln, wippen und sich pfeifend beteiligen. Probieren Sie aus, was Ihnen und Ihren gefiederten Pfleglingen gut tut, was Unterhaltung und Spaß bietet.

Wichtig: An dieser Stelle möchte ich ausdrücklich betonen, dass alle Papageien und Sittiche gerne ihre Stimme erklingen lassen, vor allem in den frühen Morgen- und Abendstunden. Das entspricht ihrem Naturell und darf nicht gleich als „Dauergeschrei“ eingestuft werden. Die Form des „sich Mitteilens“ variiert dabei oft von Vogel zu Vogel.

Der eine Vogel pfeift und trällert den ganzen Tag vor sich hin, der nächste stößt öfters laute Pfiffe aus, und wieder ein anderer beschäftigt sich gerne damit, alle möglichen Geräusche nachzuahmen. Selbstverständlich gibt es auch zwischen den verschiedenen Arten erhebliche Unterschiede. Der Lautstärkepegel eines Graupapageis ist keinesfalls mit dem eines Kakadus zu vergleichen. Den etwas monoton anmutenden Pfiff des Nymphensittichs empfindet mancher weniger schön als das durchgehende leise Tschilpen der Wellensittiche.

Musik ist Balsam für die menschliche ebenso wie für die tierische Seele und kann eine willkommene Abwechslung im Alltag Ihrer gefiederten Pfleglinge darstellen. Die Musikanlage sollte jedoch für die Vögel nicht erreichbar sein, denn Stromkabel, Batterien und kleine Plastikteile können den Tieren gefährlich werden.

Damit die Musik auch wirklich eine positive Wirkung erzielen kann, empfiehlt es sich, diese nicht zu laut einzustellen und die Ruhephasen der Tiere zu berücksichtigen.

Der Felsensittich

öffnet genüsslich eine Mandel.

Schmecken

Obwohl eine Vogelzunge bei weitem nicht die Anzahl an Geschmacksknospen aufweisen kann wie beispielsweise die menschliche Zunge, sind Krummschnäbel dennoch wahre Feinschmecker. Einiges wird zwar von Papageien und Sittichen mehrheitlich gern gefressen (z.B. Weintrauben), dennoch hat fast jedes Tier seine eigenen Vorlieben für ganz bestimmte Obst- oder Gemüsesorten. Ebenso häufig kann man strikte, oft jahrelange Ablehnung gegenüber manchen Sorten feststellen. Wer mehrere Heimvögel pflegt, der konnte sicherlich schon Erfahrungen mit den unterschiedlichen Geschmäckern der einzelnen Vögel machen.

Selbst konnte ich schon mehrfach ein griesgrämiges Gefiedersträuben und das Wegschleudern von „nicht schmeckenden“ Fruchtstücken beobachten, ebenso wie das genussvolle Vertilgen geliebter Obstsorten.

Haben Sie einmal beobachtet, mit welcher Hingabe die ätherischen Öle aus frischen Tannentrieben aufgenommen oder wie Pinienkerne ganz langsam und genüsslich zermahlen werden?

Alle diese Erlebnisse zeigen eines: Unsere gefiederten Freunde haben einen ausgeprägten Geschmackssinn, der genutzt sein will! Wie Sie Futter beschäftigend und für die Vögel attraktiv anbieten können, erfahren Sie auf den folgenden Seiten.

Die Blaustirnamazone

lässt sich einen halbreifen Zuckermaiskolben schmecken.

Futter – viel mehr, als nur den Hunger zu stillen

Wie bereits angesprochen, fliegen freilebende Papageien und Sittiche täglich meilenweit, um an begehrte Nahrung zu gelangen, und nicht immer finden sie ein reichhaltiges Angebot vor. Der kulinarische Heimvogelalltag sieht hingegen ganz anders aus. Einen gelegentlichen, oft jahreszeitenabhängigen Wechsel zwischen Futterknappheit und Überfluss oder auch Konkurrenz durch andere Vogelschwärme wie in der freien Natur gibt es in Menschenobhut nicht. Täglich wird für die Vögel sozusagen „der Tisch gedeckt“, meist viel zu energiereich im Vergleich zu den Bewegungs- und Flugmöglichkeiten. Die Futternäpfe werden häufig so prall gefüllt, dass die Vögel zum einen gar nicht alles fressen können und zum anderen so zum übermäßigen Selektieren des Futters verleitet werden. Bei einem überdimensionalen Nahrungsangebot wird sich ein Vogel natürlich immer das herauspicken, was ihm am besten mundet. Der Weg zur einseitigen, unausgewogenen Ernährung ist somit – völlig unbewusst – durch den Pfleger geebnet.

Auch geht ein sehr wichtiger Faktor, nämlich der Zeitvertreib durch die Nahrungsaufnahme, in den heimischen vier Wänden nahezu völlig verloren. In der freien Natur hingegen nimmt die Suche nach Nahrung und ihre Aufnahme einen beträchtlichen Teil eines jeden Tages in Anspruch.

Wir präsentieren unseren Heimvögeln das Futter in der Regel stets auf die gleiche Art und Weise; dabei verbergen sich gerade innerhalb dieses Spektrums eine Vielzahl an Beschäftigungsmöglichkeiten. Es ist nicht schwierig, ein wenig Abwechslung in das tägliche Einerlei der Futteraufnahme zu bringen. Ihrer Phantasie sind nahezu keine Grenzen gesetzt, wenn es darum geht, die Futterroutine zu unterbrechen und Ihren Vögeln das Futter interessant und beschäftigend anzubieten.

Haben Sie Geduld – es kann durchaus eine Weile dauern, bis die Vögel die Veränderung annehmen. Instinktiv sind sie Umstellungen und Neuem gegenüber oft misstrauisch. Sie wagen es also gegebenenfalls nicht, das Futter, welches sie so nicht kennen, zu berühren. Sobald Ihre Vögel aber merken, dass keine „Gefahr" droht und wie viel Freude die Abwechslung bringt, werden sie der andersartigen Futteraufnahme positiv gegenüberstehen.

Die nachfolgenden, leicht umsetzbaren Beispiele sollen Ihnen hierbei als Anregung dienen.

Gehen Sie jedoch behutsam vor, überstürzen Sie nichts und lassen Sie den Tieren genug Zeit, sich an das noch ungewohnte Futterbild zu gewöhnen. Bei einer Schwarmhaltung empfiehlt es sich, Neuerungen immer zuerst dem mutigsten Vogel in der Gruppe zu zeigen, die anderen Mitglieder des Schwarms werden so alsbald ihre Angst überwinden.

1. Bunter Obst- und Gemüsespieß

Die tägliche Obst- und Gemüseration wird fast ausschließlich im dafür vorgesehenen Futternapf serviert. Im Zoofachhandel erhältliche „Fruchtspieße" eignen sich jedoch hervorragend, um Obst und Gemüse auch einmal anders anzubieten. Hierfür schneidet man alle Zutaten in schnabelgerechte Stücke und steckt sie auf den Spieß – fertig ist eine bunte, knackige Leckerei. Alternativ können auch dünne, kurze Äste oder Zweige zu einem Spieß umfunktioniert werden. Diese Art des Nahrungsangebotes werden Ihre gefiederten Freunde sicherlich gerne annehmen! Um den Beschäftigungsgrad weiter zu erhöhen, hängt man die fertigen Frucht- oder Gemüsespieße so auf, dass die Vögel sich ein wenig anstrengen müssen, um an die leckeren Stückchen zu kommen.

Obst und Gemüse

sollten nicht immer nur im Napf angeboten werden.

Obst, Gemüse und Grünpflanzen

bereichern den Speiseplan unserer Papageien.

2. Ganz oder gar nicht

Frucht- und Gemüsesorten, die eine relativ stabile Konsistenz aufweisen, können sehr gut im Ganzen (geschält) angeboten werden. Besonders eignen sich hierfür Äpfel, Kiwis, Granatäpfel, Bananen, Orangen oder auch Zuckermais. Zur Befestigung gibt es verschiedene Möglichkeiten:

- Die Frucht kann auf einen Naturast gespießt werden.
- Man bohrt kleine Löcher in die Frucht, zieht ein dünnes Sisalstrickchen hindurch und hängt die Frucht auf.
- Eine „Futterkugel" aus dem Zoofachhandel kann wunderbar mit Früchten gefüllt werden. Hierfür muss man das Obst oder Gemüse jedoch zerteilen, da die Öffnung der Futterkugel sehr klein ist.

3. Geliebte Sträuße – frisch und gesund

Im Frühjahr können Sie Ihren „Krummschnäbeln" frischen Löwenzahn, Gänseblümchen sowie geeignete Kräuter und Gräser als ganzen Strauß anbieten. Sollten Sie im eigenen Garten nicht fündig werden, so sammeln Sie bitte nur an Stellen, von denen Sie sicher wissen, dass nicht mit Pestiziden gearbeitet wurde. Das Buch „Vogelfutterpflanzen" (Arndt-Verlag) von H. Schnabl ist hinsichtlich der Pflanzenauswahl eine hervorragende Hilfe.

Die gesammelten Pflanzen dann kurz unter kaltem Wasser abspülen, zu einem Strauß zusammenbinden und – am besten: nicht ganz einfach erreichbar – für die Vögel aufhängen. Auch ein Bund frischer Möhren sorgt auf diese Art und Weise für eine gesunde und schmackhafte Beschäftigung.

4. Knackige Kokosnuss

Diese Beschäftigungs- und Fütterungsidee richtet sich besonders an die Halter der großen Aras und Kakadus, deren Schnäbel relativ schnell alles kurz und klein kriegen.

Man nehme eine halbierte Kokosnuss (oder, wenn man es noch etwas schwieriger für die Tiere gestalten möchte, eine ganze Frucht), bohre Löcher hinein und hänge die Nuss an einer Kette auf. Sie werden staunen, wie sehr sich die Vögel bemühen werden, an den schmackhaften Inhalt zu gelangen.

Hinweis: Bitte beachten Sie, dass das Fruchtfleisch der Kokosnuss rasch verdirbt und somit nicht über einen längeren Zeitraum angeboten werden sollte!

5. Der löchrige Holzklotz

Aus dem Fachhandel oder aber auch selbst hergestellt, ist dieses „Nussversteck“ ein herrlicher Zeitvertreib für unsere gefiederten Freunde und eine tolle Idee, Nüsse einmal anders anzubieten.

Wagen Sie sich an Eigenkreationen. müssen Sie bitte darauf achten, unbehandeltes Holz und Lebensmittelfarbe (keine Lacke, Ölfarben oder Ähnliches) zu verwenden.

Auch ein Ast kann zum „Nussversteck“ umfunktioniert werden, indem man Löcher entsprechender Größe hindurchbohrt und mit Nüssen verschiedener Art füllt. Natürlich kann man auch andere Knabbereien wie beispielsweise Weintrauben, Möhrenstücke oder Rosinen in den Aushöhlungen des Holzklotzes oder Astes verstecken.

Eine weitere Variante, speziell für unsere kleinen Sittichfreunde, bieten Sie mit Hilfe eines leicht gespaltenen, dünnen Astes, in den Sie Sonnenblumen- oder Pinienkerne stecken. Bitte übertreiben Sie es jedoch mit der angebotenen Menge dieser fettreichen Leckereien nicht.

Der „löchrige Holzklotz“

wurde mit Nüssen und Schreddermaterial versehen – sehr zur Freude des Weißhaubenkakadus.

6. Die Schatzsuche

Manche Vögel, vor allem die flugunfähigen „Fußgänger“, kann man mit dieser Art der Futtersuche total begeistern und lange Zeit beschäftigen: Nehmen Sie einen flachen Karton oder eine große flache Schüssel. Geeignet sind auch flache Auflaufformen, die in nahezu jedem Haushalt zu finden sind. Füllen Sie das Behältnis, am besten vor den Augen der Vögel, gut mit Buchenholzgranulat, groben Hobelspänen oder kleinen Papierschnipseln. Dann „vergraben“ Sie, natürlich ebenfalls vor den Augen der Vögel, kleine Leckereien darin. Gut geeignet sind Nüsse, Pinienkerne, große Körner aus Ihrer Futtermischung, Pellets, Rosinen sowie Apfel- oder Mandarinenstücke. Die

***Zum Verstecken von „Futtergeschenken“** eignet sich auch ein Weidekörbchen (links).*

Rechts: Mit großem Interesse widmet sich dieser Graupapagei seinem „Geschenk“.

Vögel werden sich alsbald auf Schatzsuche begeben. Sobald die Tiere die „Schatzsuche“ kennen, ist es nicht mehr nötig, die Leckereien vor ihren Augen zu verstecken. Die schlauen Federköpfe haben ein gutes Gedächtnis und verbinden den Karton oder die flache Schlüssel beim zweiten oder dritten Mal sofort mit der Futtersuche.

7. Geschenke auspacken

Unsere intelligenten Federfreunde lieben es, ihr Essen zu schälen bzw. aus einer Hülle zu pellen. Da man aber nicht immer sicher sein kann, ob die Schale der jeweiligen Frucht nicht chemisch behandelt wurde, empfehle ich, im Zweifelsfalle alles zu schälen – nach dem Motto „Wasche es, schäle es oder vergiss es!“ Insbesondere gilt dies für Bananen, Orangen, Mandarinen, aber auch für Litschis!

Damit die Vögel dennoch in den Genuss des „Auspackens“ kommen, kann man Obst- und Gemüsestückchen sowie andere kleine Leckereien zur Abwechslung verpacken. Natürlich sollten Ihre Vögel zu Beginn beobachten können, was Sie da tun, dann werden sie gleich verstehen, dass sich unter dieser „Schale“ etwas äußerst Schmackhaftes befindet. Herkömmliches Butterbrotpapier eignet sich zum Einpacken besonders gut, da es wunderbar raschelt und das Ganze so für die Vögel noch spannender macht. Wenn Sie kein solches Papier zur Hand haben oder die „Schale“ einmal anders gestalten möchten, verwenden Sie ein Stück Küchentuch/Papierrolle oder auch Zeitungspapier.

8. Bunter Teller Allerlei

Auf einem Teller angerichtet, stellt – ansonsten alltägliches – Futter eine willkommene, „noble“ Abwechslung dar. Ich habe eigens hierfür bunte, sehr stabile Plastikteller gekauft, die praktischerweise auch spülmaschinentauglich sind.

Meine Papageien sind immer ganz angetan von den quietschbunten Tellern; wenn diese dann noch mit knackig frischen Leckereien gefüllt sind, gibt es für sie kein Halten mehr. Zu einem wahren Gourmetessen wird das Ganze für meine Vögel, wenn es gekochtes, lauwarmes – wie ich es nenne

– „Reinubroka" gibt. Dieses besteht aus ungewürztem Reis, Nudeln, Brokkoli und Kartoffeln. Aroma und Geschmack der Zutaten können sich durch die Erwärmung besser entfalten, die Vögel können lauwarmes Futter also intensiver schmecken. Eine eventuelle Medikamentengabe als Beigabe ist daher über lauwarmes Futter nicht unbedingt zu empfehlen!

9. Süßholzstangen à la Mikado

Süßholz raspeln – das machen alle Papageien und Sittiche gerne. Die schmackhaften Stangen eignen sich hervorragend als Zeit vertreibende Leckerei für zwischendurch. Interessant anbieten kann man die Süßholzstangen, indem man einige Exemplare kreuz und quer zusammenfasst, gut befestigt und aufhängt: Fertig ist ein langlebiger, exotischer Knabberspaß für Ihre gefiederten Freunde!

10. Hirseangeln

Hirse ist besonders bei Sitticharten beliebt, aber auch Großpapageien verschmähen die energiereichen Kolben meist nicht. Um die Vögel sowohl geistig als auch körperlich zu fordern, befestigt man einen Hirsekolben an einer Sisalschnur. Die Schnur wird anschließend mit dem Kolben so aufgehängt, dass die Vögel ihre Intelligenz unter Beweis stellen müssen, um an den begehrten Leckerbissen zu gelangen. Sie sollen die Schnur mitsamt der Hirse zu sich (nach oben) ziehen. Alternativ

„Bunter Teller Allerlei"

schmeckt nicht nur den Nymphensittichen.

Geschafft!

Nymphensittich und Kakadu haben sich ein Stück Hirsekolben geangelt.

Süßholzstangen (rechts oben) sind eine schmackhafte Leckerei für alle Papageien und Sittiche.

kann der Hirsekolben so platziert werden, dass die Vögel sich körperlich bemühen müssen, um an die begehrte Nascherei zu gelangen. Eine pfiffige Idee, Nahrung anzubieten, die sicherlich mit Begeisterung angenommen wird!

11. Lehm – mehr als nur feuchte Tonerde

In freier Wildbahn fliegen Papageien regelmäßig an sogenannte clay licks, auch Lehmlecken oder Lehmgruben genannt, um eifrig ihre Schnäbel in die mineralhaltige Tonerde zu drücken und den Lehm aufzunehmen. Beobachtungen von Alan Lee zufolge gehen die frei lebenden Aras in Peru mit wahrer Leidenschaft ans Werk, und es scheint ihnen ein echtes Bedürfnis zu sein, den Lehm aufzunehmen. Die clay licks sind noch nicht vollständig erforscht, man vermutet aber seit längerem, dass die Papageien durch die Aufnahme des Lehms giftige Bestandteile von Pflanzen und Früchten neutralisieren können und die Lehmaufnahme somit einem intakten Verdauungssystem dient.

Obgleich unsere Heimvögel sicherlich kaum Gefahr laufen, giftige Früchte oder Pflanzen aufzunehmen, steht dem Anbieten von Lehm nichts entgegen. Im Zoofachhandel und bei auf Vögel spezialisierten Anlaufstellen können Sie Lehm beziehen, den Sie dann beispielsweise in Schälchen zum Knabbern anbieten.

Viele Sittich- und Papageienhalter haben bereits die Erfahrung gemacht, dass der Lehm mit großer Begeisterung angenommen wird – was wiederum die Frage aufkommen lässt, die sich bereits Alan Lee gestellt hat: Dient der Lehm wirklich nur der Neutralisierung giftiger Stoffe oder ist die Aufnahme den Tieren aus anderen Gründen ein solches Bedürfnis? Sicher ist eines: Diese – völlig natürliche – Form der Beschäftigung ist leicht realisierbar und trägt in jedem Falle zum Wohlbefinden Ihrer Heimvögel bei.

Von Ast bis Zapfen – vielfältige Beschäftigungsmöglichkeiten

Langeweile ist der größte Feind im Alltag unserer Heimvögel. Mit einem abwechslungsreich gestalteten Nahrungsangebot, wie eben beschrieben, können wir unsere gefiederten Freunde zwar eine Zeit lang beschäftigen, jedoch sollten die Vögel auch in den übrigen Stunden eines jeden Tages ein erfülltes Leben mit Ruhephasen, aber vor allem auch mit Beschäftigung, geistiger Forderung und Spiel führen können. Das ist sehr wichtig, damit die Vögel seelisch gesund und munter bleiben. Viele psychische Störungen wie beispielsweise das Schreien oder Federrupfen haben ihre Ursache in Reizarmut, Unterforderung, mangelnder Beschäftigung und der daraus resultierenden Langeweile. Haben sich psychische Störungen erst einmal festgesetzt, ist es sehr schwer, etwas dagegen zu tun.

Aber auch organische Schäden treten eher bei den Heimvögeln auf, die unter falschen Bedingungen gehalten werden und unter Beschäftigungs- und somit oft auch unter Bewegungsmangel leiden. Als verantwortungsbewusste Pfleger sollten wir bemüht sein, es gar nicht so weit kommen zu lassen.

Die nachstehend aufgeführten Beschäftigungsmöglichkeiten sind leicht umsetzbar und bringen Abwechslung sowie Spaß in den tierischen Alltag, so dass Langeweile und Eintönigkeit keine Chance haben!

12. Nagespaß für unsere Papageien und Sittiche

Bieten Sie Ihren gefiederten Freunden so oft wie möglich frische Äste an. Diese werden sehr gerne angenommen, da der instinktive Nagetrieb hierdurch befriedigt werden kann und auch die natürliche Abnutzung des Schnabelhorns gefördert wird. Mitunter können sich die Vögel stundenlang damit beschäftigen, die Rinde, welche auch wichtige Spurenelemente enthält, abzuschälen, die Äste in streichholzgroße Stücke zu zerlegen und sich – im Frühjahr und Sommer – den frischen Knospen, Trieben oder gar Früchten zu widmen.

Der Aymarasittich

genießt sichtlich das Benagen der Kiefernzweige.

Diese Art der Beschäftigung ist für uns Vogelhalter leicht zu realisieren und in den meisten Fällen sogar völlig kostenlos. Wer keinen eigenen Garten hat, findet bei einem Spaziergang im Wald sicherlich brauchbares Geäst. Wer weniger ländlich wohnt, kann in der Stadtgärtnerei nachfragen, wann Bäume frisch geschnitten werden. Manchmal ist man dort sogar froh, Abnehmer für Äste und Zweige zu finden. Natürlich muss darauf geachtet werden, den Vögeln nur geeignete, ungiftige und unbehandelte Gehölze anzubieten!

Geeignetes Gehölz: Ahorn, Buche, Eiche, Erle, Esche, Fichte, Hasel, Lärche, Linde, Ulme, unbehandelte Obstbäume, Tanne, Kiefer, Walnuss, Weide, Pappel

Ungeeignetes Gehölz: Goldregen, Liguster, Oleander, Rhododendron, Tollkirsche, Wacholder, Robinie

Der Spiel- und Kletterbaum

ist immer ein beliebter Platz.

Tipp: Übrigens – ein Weihnachtsbaum muss nach den Feiertagen noch längst nicht ausgedient haben. Er stellt für unsere gefiederten Kameraden eine willkommene grüne Abwechslung in der ansonsten recht „laubkargen" Winterzeit dar. Bitte beachten Sie jedoch, dass jegliche Form von Weihnachtsschmuck, ganz besonders Lametta, den Tieren gefährlich werden kann. Den Tannenbaum also immer nur komplett abgeschmückt anbieten. Auch sollten Sie sicher sein, dass der Baum vorab nicht mit Pflanzenschutzmitteln behandelt wurde! Informieren Sie sich am besten bereits vor dem Weihnachtsbaumkauf.

Äste und Zweige sollten nicht in der Nähe von viel befahrenen Straßen gesammelt werden. Trotz modernster Technik stoßen Autos nach wie vor Abgase aus. Diese Ablagerungen müssen wir unseren Tieren nicht anbieten – es gibt genügend andere Orte, um Äste und Zweige zu sammeln.

Es empfiehlt sich, das Geäst kurz mit klarem Wasser abzubrausen, bevor man den Vögeln dieses zur Beschäftigung gibt. Zum einen lösen sich so leichte Verschmutzungen und zum anderen bieten die nassen Blätter ein zusätzliches Erlebnis. Ein regelrechtes Abschrubben oder gar Desinfizieren der Äste ist hingegen nicht nötig.

13. Der Spiel- und Kletterbaum

Ein Kletterbaum sollte nicht nur als Sitzgelegenheit genutzt werden können, sondern in erster Linie als Anreiz zum Spielen dienen und somit Beschäftigung in den Alltag Ihrer Pfleglinge bringen. Ganz nebenbei bemerkt, können Sie dadurch Ihre Möbel schonen, die ansonsten allzu gerne als Sitz- und Nageplatz genutzt werden, denn kein Vogel unterscheidet zwischen einem antiken Bauernschrank und einem Ast, um sein Nagebedürfnis zu befriedigen.

Ein gut bestückter, abwechslungsreich gestalteter Spiel- und Kletterbaum wird schnell zum Lieblingsplatz Ihrer gefiederten Freunde. Sie werden feststellen, dass auch die Ruhephasen gerne dort verbracht werden.

Ein Kletterbaum kann auf verschiedene Art und Weise hergestellt werden; mit Holzsockel oder in einen Kübel einbetoniert, ganz nach Ihren Vorstellungen und Möglichkeiten. Man sollte aber in jedem Falle auf Stabilität und Unbedenklichkeit der Materialien achten.

Dekorieren kann man den Baum mit Papprollen, Baumwoll- oder Sisalstricken, Lederriemen, die zu Zöpfen geflochten sind, Holzklötzchen oder auch mit Zweigen aus der Natur. Sehr beliebt bei meinen Papageien sind Holzkochlöffel, die am Kletterbaum aufgehängt werden. Nach und nach werden diese in kleinste Teilchen zerlegt. Auch hänge ich zeitweise kleine Hundekauknochen aus Büffelhaut auf. Die Vögel spielen gerne damit und sind eine lange Zeit beschäftigt, diese „zähen" Teile mit dem Schnabel zu bearbeiten. Diese Kauknochen werden im Zoofachhandel in verschiedenen Ausführungen angeboten, sodass für jeden Schnabel die passende Größe gefunden werden kann. Ganz hin und weg sind die meisten Papageien und Sittiche, wenn man den Spiel- und Kletterbaum mit einem oder gar mehreren Glöckchen bestückt. Diese sollten ausschließlich vom Fachhandel bezogen werden, da die Glöckchen so beschaffen sein müssen, dass nichts abbricht, abblättert oder von den Tieren verschluckt werden kann! Auch hier sind diverse Größen zu beziehen, sodass sich für jeden Schnabel das passende Exemplar finden lässt.

„Überladen" Sie den Spiel- und Kletterbaum bitte nicht! Die Bewegungs- und Kletterfreiheit der Vögel darf keinesfalls eingeschränkt werden. Anstatt Spiel- und Beschäftigungsutensilien in Massen anzubringen, sollten Sie die Spielgegenstände eher von Zeit zu Zeit austauschen – so können die Vögel immer wieder Neues auf ihrem „Spielplatz" entdecken.

Eine gute Alternative zum Kletterbaum stellt ein sogenannter Freisitz dar. Dieser ist zumeist mit fahrbaren Rollen ausgestattet und bietet damit höchste Flexibilität. Auch ein Freisitz kann gut mit Spielzeug oder frischen Ästen bestückt werden, sodass die Vögel sich hier ebenfalls reichlich beschäftigen können.

14. Der Ausguck

Wer keinen Platz für einen Kletterbaum hat oder zusätzliche Sitzgelegenheiten anbieten möchte, kann an passender Stelle Sitz- und Nagebretter aus unbehandeltem Holz anbringen. Diese lassen sich bei Bedarf einfach und kostengünstig ersetzen (z.B. Baumarkt, Zimmerei, Schreinerei). Beson-

Rechts: Auch ein ausgedienter Schrank

findet noch als Sitz- und Nagebrett Verwendung. Achten Sie aber darauf, dass keine schädlichen Materialien verwendet wurden.

Zeitungschreddern macht Spaß!

ders beliebt sind natürlich hoch angebrachte Sitzbretter, von wo aus die Vögel einen herrlichen Rundumblick haben. Wer seine Schützlinge in einem Vogelzimmer untergebracht hat, kann dort natürlich ebenfalls solche Sitz- und Nagemöglichkeiten anbieten. Auch ein ausgedienter Schrank kann einfach zu diesem Zweck umfunktioniert werden!

15. Schreddern und Schnipseln - was gibt es Schöneres?

Alle Papageien und Sittiche beschäftigen sich ganz besonders gerne mit solchen Dingen, die man zerstören kann, wie wir an den vorherigen Beispielen gesehen haben und wie Sie aus eigener Erfahrung sicherlich auch bestätigen können. Neben Ästen und Spielmaterial aus Holz sind ausgelesene Zeitungen, Zeitschriften und Bücher hierfür wunderbar geeignet. Legen Sie einfach mal einen kleinen Stapel Zeitschriften oder ein Buch zum Zerschreddern bereit oder hängen Sie Papier zum Zerschreddern in der Voliere auf: Es wird nicht lange dauern und das Papier fällt in kleinen Schnipselchen zu Boden. Kleine Stücke unbeschichteten Pappkartons in verschiedenen Stärken oder Papprollen werden ebenfalls gerne auseinander gerissen und in akribischer Kleinarbeit zerlegt. Sollte es den Anschein haben, dass Ihre Pfleglinge nichts mit dieser Art der Beschäftigung anfangen können – dann zerreißen Sie einfach Stücke der Zeitschrift oder der Papprolle. Sie werden sehen, wie schnell Ihre Vögel verstanden haben, was sie mit diesen Dingen tun können und sollen. Ein raffinierter, sehr einfach zu realisierender Zeitvertreib für Ihre Heimvögel!

Wichtig: Bieten Sie den Tieren bitte keine beschichteten Kartons wie etwa Verpackungsmaterial an, und auch die Papprollen sollten rückstandsfrei sein. Exemplare mit Kleberesten entsorgen Sie besser gleich.

Bitte achten Sie bei Zeitschriften immer darauf, die Heftklammern vorab zu entfernen, denn die Gefahr, dass ein Vogel eine solche Klammer löst und verschluckt, ist groß. Hochglanzmagazine sind aufgrund der Inhaltstoffe nicht zum Schreddern geeignet. Die in normalen Zeitungen und Zeitschriften verarbeitete Druckerschwärze ist in der heutigen Zeit jedoch unbedenklich.

16. Schaukeln und Seile für unsere Akrobaten

Schwingen, Klettern und Turnen, das ist für viele Krummschnäbel das absolut Größte! Manche Vögel erinnern fast an Affen, so geschickt hangeln oder schwingen sie sich von einem Seil zum nächsten, so behände ziehen sie sich nach Purzelbäumen zurück auf die Schaukel, so anmutig balancieren sie über Hanfstricke.

Doch das Spielen und Turnen an Seilen und Schaukeln macht nicht nur Spaß und beschäftigt, es fördert ganz nebenbei die Gesunderhaltung Ihrer Pfleglinge. Die Vögel können ihre Muskeln durch die natürlichen Bewegungsabläufe, also das Fliegen, Klettern und Laufen, stärken und müssen sich überlegen, wie sie von „A“ nach „B“ gelangen. Somit werden Ihre gefiederten Freunde spielerisch gefordert und beschäftigt.

Geeignete Schaukeln und Seile findet man bei den diversen Anbietern von Papageien- und Sittichspielzeug, ebenso die Sisal-, Hanf- und Baumwollringe. Mittlerweile werden diese sogar in verschiedenen Farben angeboten. Einfache Baumwoll-, Sisal- und Hanfseile können Sie jedoch auch über Baumärkte oder direkt bei einer Seilerei beziehen.

Stricke und Seile einer ganz anderen Art kann man leicht selbst mittels bunter Stoffbahnen und Tücher herstellen: Machen Sie aus drei farbigen Bahnen einen Zopf – schon ist eine bunte Klettermöglichkeit entstanden.

Ein witziges Schaukelspielzeug für Sittiche können Sie aus sauberen, getrockneten Flaschenkorken herstellen. Hierfür müssen Sie lediglich die Korken mittig durchbohren und auf drei dünne Sisalschnüre ziehen. Anschließend verbinden Sie die drei Teile zu einer Schaukel. Fertig ist ein raffinierter Wackelspaß für die kleinen munteren Gesellen.

Allgemein sollten Sie bei der eigenen Herstellung von Schaukeln immer darauf achten, nur unbedenkliche Materialien zu verwenden. Es darf kein lackiertes oder behandeltes Holz zum Einsatz kommen, rostige oder scharfkantige Aufhängungen dürfen nicht verwendet werden. Auch Ketten und Karabinerhaken müssen in einwandfreiem Zustand sein!

17. Kunterbuntes aus dem Fachhandel

In Zoofachgeschäften und bei spezialisierten Anlaufstellen erhält man mittlerweile eine riesige Auswahl an Papageien- und Sittichspielzeug. Probieren Sie einfach aus, ob sich Ihre Heimvögel gerne mit Acryl, mit Spielzeug aus Leder oder doch lieber mit Holzspielzeug beschäftigen. So unterschiedlich die Geschmäcker auch sind – beim Kauf von Vogelspielzeug aus dem Fachhandel gehen Sie auf „Nummer Sicher“. Die Spielzeuge sind so konzipiert, dass nichts verschluckt werden kann, und es werden keine gesundheitsschädlichen Stoffe verarbeitet. Alles wird völlig „schnabelgerecht“ angefertigt, und für jede Art und Gattung ist etwas Passendes dabei. Einen Bogen sollten Sie allerdings um völlig unsinniges oder gar tierschutzwidriges Spielzeug machen, das leider nach wie vor noch in manchen Geschäften angeboten wird. Hierzu gehören auch Spiegel, wie man sie früher sehr oft in der Wellensittichhaltung eingesetzt hat.

Diesem Rosakakadu

sieht man den Spaß an.

Eine echte Alternative ist die Herstellung eigener Spielzeugkreationen. Die einzelnen Bestandteile wie etwa bunte Holzteile, Stricke oder Glöckchen können Sie im Fachhandel beziehen. Ebenso besteht auch die Möglichkeit, aus Ästen, Papprollen, Holzstückchen und Lebensmittelfarbe bunte Spielzeuge anzufertigen. Lassen Sie Ihrer Phantasie bei der Gestaltung freien Lauf!

Es lohnt sich, vor allem Spielzeug zu kaufen, welches unsere Vögel auch geistig fordert – sogenanntes Intelligenzspielzeug. Zum einen sind die Tiere mit diesen Spielsachen oft eine längere Zeit

Der Kleine Vasapapagei (links)

beschäftigt sich intensiv mit dem selbstgebastelten Spielzeug.

Mit Intelligenzspielzeug (rechts) können sich Papageien und Sittiche wie diese Panama-Amazone sehr lange Zeit unterhalten.

beschäftigt, und zum anderen kann man solche Spielzeuge meist nicht selbst herstellen.

18. Was die Natur zu bieten hat

Neben frischen Ästen und Zweigen hat die Natur noch mehr zu bieten, wenn es darum geht, unsere Vögel zu beschäftigen.

Sammeln Sie während eines Spaziergangs kleine handliche Holzstückchen, welche die Vögel gut greifen können. Ihre Pfleglinge werden sicherlich gleich Gefallen daran finden, diese in Streichholzgröße zu zerlegen. Manche Papageien und Sittiche lieben es auch, diese Holzklötzchen einfach nur durch die Gegend zu schubsen, irgendwo hinunterzuwerfen und anschließend wieder aufzuheben oder letzteres mehrfach hintereinander dem menschlichen Pfleger zu überlassen. Oft sind es ganz simple Dinge, die unseren gefiederten Kameraden große Freude bereiten und mit denen sie sich gerne ausgiebig beschäftigen. Auch ein Stück Baumrinde bietet willkommene Abwechslung. Ebenso eignen sich Tannen-, Fichten- und Kiefernzapfen hervorragend, um unseren Heimvögeln die Zeit zu vertreiben. In akribischer Kleinarbeit werden die Zapfen benagt und zerlegt. Selbst Kieselsteine in richtiger Größe können zu einem begehrten Spielobjekt werden, vor allem wenn Vögel in einer Gruppe zusammenleben und nur wenige Steine vorhanden sind.

Natürlich sei hier erwähnt, dass die Steine vorab gewaschen werden sollten und auch nur in der richtigen Größe angeboten werden dürfen – die Gefahr, dass ein zu kleiner Stein verschluckt wird, ist groß!

Beachten Sie, dass Holzstücke, Baumrinde und Zapfen immer gut getrocknet werden müssen, damit sich keine schimmeligen Stellen bilden können!

Links: Baumrinde

bietet eine willkommene Abwechslung für Papageien und Sittiche.

Oben: Unsere Spielzeugkiste

Rechts oben: Die Öffnungen einer „gefüllten Rolle“ können auch mit einer Schnur verschlossen werden.

Rechts unten: Was mag wohl in dieser knisternden Tüte versteckt sein?

Lass uns spielen!

Nun haben Sie bereits auf den vorherigen Seiten sehr viele Tipps bekommen, wie Sie den Alltag Ihrer Heimvögel mit relativ geringem Aufwand ganz wesentlich bereichern können. Durch diese Vorschläge kann jeder Tag aktiver und lebendiger gestaltet werden. Da unsere intelligenten Federfreunde jedoch einen sehr regen Geist besitzen und sie uns stets aufs Neue fordern, möchte ich Ihnen weitere Tipps und Anregungen geben. Setzen Sie die verschiedenen Beschäftigungsmöglichkeiten individuell und im Wechsel ein; damit bieten Sie Ihren Heimvögeln noch mehr Abwechslung.

19. Spielzeugkiste

Ob aus Holz oder Kunststoff, eine Aufbewahrungsbox für kleineres Vogelspielzeug ist in jedem Falle nützlich. Eine solche Box sorgt jedoch nicht nur für Ordnung, sondern auch für Spannung und Spiel. Ihre Pfleglinge werden es lieben, in der Spielzeugkiste zu stöbern und die einzelnen Spielsachen auszuräumen.

20. Gefüllte Rolle

Papprollen, wie sie beispielsweise beim Verbrauch von Küchentüchern anfallen, eignen sich nicht nur zum Zerschreddern, sondern auch hervorragend als „Füllhorn“. Mit Papierstücken lässt sich die Rolle gut befüllen, zusätzlich integrierte Leckereien wie etwa Nüsse oder Rosinen erhöhen den Anreiz für die Vögel, sich dem „Füllhorn“ zu widmen. Damit der Inhalt nicht gleich herausfällt, sollte man die beiden Öffnungen gut zusammendrücken.

21. Mister Knister

Wenn es raschelt und knistert, ist die Neugier unserer Heimvögel meist sehr schnell geweckt. Verpacken Sie Leckereien oder kleine, handliche Spielsachen wie etwa Kiefernzapfen und Holz-

stückchen in einer Butterbrotpapiertüte. Ihre Vögel werden an dieser raschelnden Spielidee große Freude haben.

22. Leder-Strumpf

Ihre Waschmaschine „verschluckt" Socken? Wunderbar, dann können Sie die verbliebenen Einzelstücke hervorragend in Vogelspielzeug umfunktionieren. Füllen Sie ein paar saubere Korken, Nüsse oder andere Gegenstände, die sich zur Beschäftigung eignen, in den Strumpf. Dann verknoten Sie diesen, hängen ihn mit einem Lederband auf – fertig ist der „Leder-Strumpf". Es empfiehlt sich, das Spielzeug vor den Augen der Vögel zu präparieren – so wird das Interesse am Strumpfinhalt auf jeden Fall geweckt.

23. Brettspiele

Aus einem einfachen Holzbrett zaubern Sie in kürzester Zeit ein attraktives Spielzeug für Ihre gefiederten Freunde, indem Sie saubere Schrauben, Schlüssel oder andere bewegliche Gegenstände auf bzw. in dem Brett befestigen. Vor allem Papageien (und hier insbesondere die großen Vertreter wie Aras, Amazonen und Kakadus) können sich damit eine ganze Weile „handwerklich" beschäftigen.

Achten Sie bitte darauf, nur Utensilien zu verwenden, die keine Gefahr für die Vögel darstellen. Scharfe Kanten und Spitzen sowie rostige oder beschichtete Teile sind absolut tabu!

Wenn Sie das Holzbrett mit Lebensmittelfarbe versehen, schaffen Sie einen zusätzlichen, optischen Anreiz.

24. Ich krieg' dich!

Besonders die flugunfähigen Fußgänger unter den Vögeln und jene, die sich einfach gerne auf dem Boden aufhalten, werden von diesem Spiel be-

Links: Beispiel eines fertig präparierten „Leder-Strumpfes".

Rechts: Der Weißhaubenkakadu zeigt, dass er das Brettspiel beherrscht.

Oben: Eine gut gefüllte „Schredderkugel“ …

sorgt für Kurzweil.

Oben rechts: Die beiden Wellensittiche haben die halbierte Kokosnuss als Rückzugsort gewählt.

Unten rechts: Dieser Weißhaubenkakadu liebt die „Verfolgungsjagd“ nach dem Hausschuh.

geistert sein. Fädeln Sie Utensilien wie beispielsweise bunte Holzkugeln, Spielklötze, Glöckchen oder andere Dinge auf eine Kette oder ein Seil und ziehen Sie das Spielzeug langsam über den Fußboden. Die Vögel werden schnell mit Begeisterung bei der Sache sein und die „Verfolgung“ aufnehmen.

Achten Sie darauf, die Vögel bei diesem Verfolgungswettkampf auch gewinnen zu lassen.

25. Hütchen-Spiel

Nehmen Sie mehrere bunte Kunststoffbecher oder andere Behältnisse zur Hand und verstecken Sie – natürlich vor den Augen der Vögel – unter einem oder zwei der Behältnisse ein Leckerchen. Die Vögel sollen nun versuchen, die Leckereien unter den Bechern zu finden und hervorzuholen. Sie werden erstaunt sein, wie zielstrebig mancher Papagei oder Sittich an diese knifflige Aufgabe herangeht.

26. Die Schredderkugel

Nicht nur bei der Darbietung von Obst und Gemüse finden handelsübliche Futterkugeln Verwendung. Sie lassen sich auch ohne essbaren Inhalt sehr gut in die Überlegungen zur täglichen Beschäftigung integrieren.

Befüllen Sie die Futterkugel mit Papierschnipseln, Kartonstücken oder auch mit Kiefernzapfen. So entsteht ein wunderbarer Zupf- und Schredderspaß für Ihre gefiederten Freunde.

27. Halbierte Kokosnuss

Die im Zoofachhandel zu beziehenden halben Kokosnüsse eignen sich ebenfalls gut, um kleine Spielsachen oder Schreddermaterial anzubieten. Sie können die Kokosnuss beispielsweise so platzieren, dass die Vögel sich schon etwas anstrengen müssen, um an den begehrten Inhalt zu kommen.

Nicht nur Graupapageien …

mögen das Zerrupfen von Kassenrollen.

Kleinere Gesellen wie Nymphen- oder Wellensittiche können dieses Spielzeug zusätzlich ganz hervorragend als „Oase der Ruhe" nutzen.

28. Kassensturz

Ihre Vögel wollen gewiss keine Buchhalter sein – aber Spaß an Kassenrollen haben sie dennoch ganz bestimmt! Sie können die Rollen beispielsweise am Volierengitter mit einer Schnur befestigen, auf einen passenden dünnen Ast stecken oder im Zoofachhandel eine Halterung beziehen. Seit einiger Zeit wird diese Art der Beschäftigung als komplettes Spielset (Kassenrollen mit Halterung) für unsere gefiederten Freunde angeboten.

Übrigens – „Kassensturz" können Ihre Vögel auch mit Toilettenpapier machen, allerdings ist diese Variante sicherlich nicht ganz so preisgünstig wie die Nutzung von Kassenrollen. Beide Möglichkeiten stellen einen herrlichen Rupf- und Zupfspaß für unsere Heimvögel dar.

29. Schuhe zum Verlieben

Diese kleinen Schuhe aus Büffelhaut sind nicht nur bei Vierbeinern sehr beliebt. Auch unsere Krummschnäbel finden rasch Gefallen an diesem außergewöhnlichen Spielzeug, welches in jedem guten Zoofachgeschäft erhältlich ist. Befüllen und dekorieren Sie die Öffnungen des Schuhs zum Beispiel mit Papierschnipseln, Lederbändern oder Ähnlichem – schon haben Sie einen attraktiven, langlebigen Knabber- und Schredderspaß für Ihre gefiederten Kameraden kreiert.

„Schuhe" aus Büffelhaut sind ein Knabberspaß

für große und kleine Krummschnäbel.

Dieser Rosakakadu ...

liebt seine Korkröhre.

30. Die Spielröhre – aus Kork oder Holz

Kork lässt sich phantastisch beknabbern, zerschreddern und untersuchen. Wenn die richtige Größe vorhanden ist, richtet sich der eine oder andere Papagei oder Sittich gar häuslich in so einer Röhre ein. Im Fachhandel kann man Korkröhren in den unterschiedlichsten Ausführungen erwerben.

Nimmt man stattdessen einen kleinen hohlen Baumstamm, steht eher das „Sich-verstecken", Turnen und Spielen im Vordergrund. Sicherlich wird auch eine solche Spielröhre angeknabbert und benagt, jedoch ist Holz sehr viel langlebiger als Kork.

Egal, für welche Variante Sie sich entscheiden – Ihre Vögel können sich mit einer Spielröhre wunderbar die Zeit vertreiben und ihren natürlichen Nagetrieb voll ausleben.

31. Spaß macht mobil

Ein Spielzeug, das eigentlich die Motorik von Kleinkindern fördern soll, wird das Herz Ihrer Heimvögel ganz bestimmt höher schlagen lassen: Die fröhlichen Farben und die Möglichkeit, die Gegenstände hin und her zu schieben, animieren zum Spielen, Untersuchen und Ausprobieren. Eine tolle Beschäftigungsidee, die leicht umsetzbar ist. Motorikspielzeuge sind in unterschiedlichen Formen und Größen erhältlich, so dass jeder Vogelhalter fündig werden kann.

32. Der Korkhänger

Für alle, deren Papageien oder Sittiche die Spielröhre aus Kork selbst nach langer Zeit noch als „gefährlich" einstufen: Nehmen Sie anstelle der Röhre nur Korkstücke zur Hand und hängen Sie diese für die Vögel zum Zernagen auf. So können die Tiere das Material langsam kennenlernen und verlieren sicherlich bald auch die Angst vor der

Oben: Holzröhren *verlocken zum Verstecken.*

Links oben: Die beiden Graupapageien finden großen Gefallen an dem Motorikspielzeug.

Links unten: Manche Papageien und Sittiche verlieren ihre Angst vor der Korkröhre, indem sie das Material anderweitig kennenlernen.

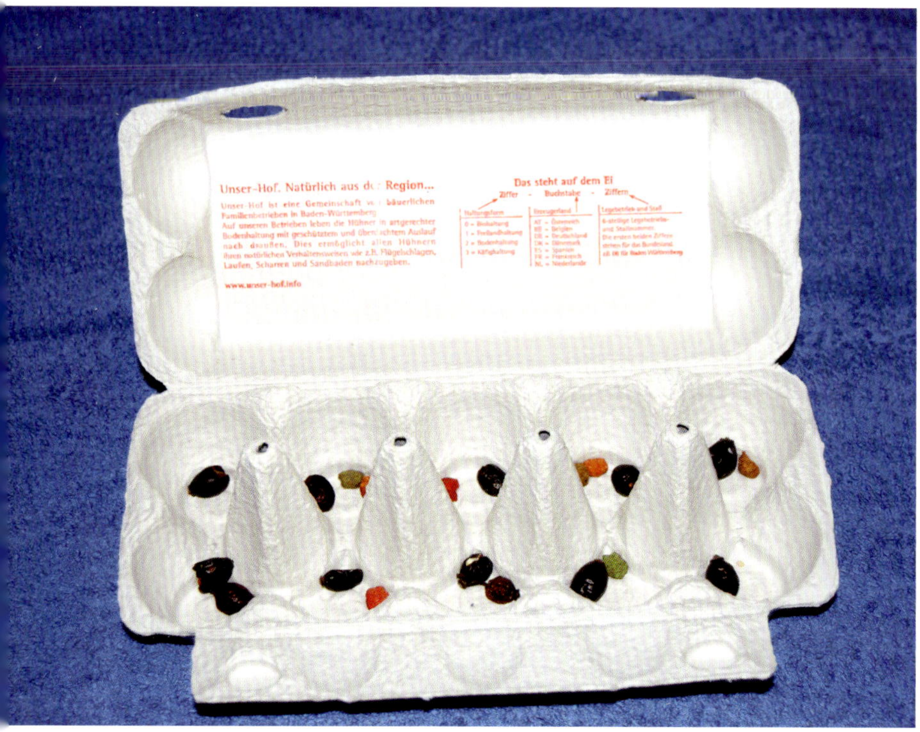

Oben: fertig präparierter Eierkarton

Rechts oben: Diese beiden Wellensittiche nehmen das nasse Grünfutter als willkommene Abwechslung gerne an.

Rechts unten: Spielzeug in der Röhre; es ist wichtig, dass die Öffnung des Gefäßes entsprechend klein ist – denn die meisten Vögel werden zunächst versuchen, direkt an den Inhalt zu gelangen.

Röhre. Korkstücke können auch gut an Stellen angebracht werden, die für den Einsatz von Röhren (etwa aus Platzgründen) nicht geeignet sind.

33. Hier kommt der Eierkarton

Die Ausbuchtungen von leeren Eierkartons kann man mit getrockneten Ebereschen, Hagebutten, Nüssen oder auch Rosinen befüllen. Dann verschließt man den Karton und hängt ihn in der Voliere oder am Spiel- und Kletterbaum auf. Der Karton animiert zum Schreddern, und die Geräusche der im Inneren des Kartons umherkullernden Leckereien schaffen einen zusätzlichen Anreiz für die Vögel.

34. Plitsch-Platsch

Wasser dient unseren Heimvögeln nicht nur zur Körperpflege und ist somit eine ganz natürliche Art der Beschäftigung, sondern es regt auch stets zum Spiel an. Mancher Vogel hat große Freude am Plantschen, „Füße Waschen" und am „Schiffe Versenken". Letzteres natürlich im übertragenen Sinne, sind es doch eher Holzklötzchen oder andere, gut greifbare Gegenstände, die gerne auf Tauchgang geschickt werden. Eine flache Schale, die täglich mit frischem Wasser gefüllt wird, eignet sich hervorragend zu diesem Zweck. Ebenso wird frisch dargebotenes Grünfutter in Verbindung mit Wasser zu einer abwechslungsreichen Beschäftigungsmöglichkeit – besonders Sittiche und sehr kleine Papageienarten lassen sich damit schnell begeistern.

35. Vogel am Zug

Nehmen Sie ein Gefäß – am besten in Form einer Röhre – zur Hand. Dann befestigen Sie an einem dicken Faden oder einer Schnur ein Futterstückchen oder alternativ ein kleines Spielzeug. Befördern Sie dieses anschließend in das Gefäß. Jetzt sind das Geschick und die Intelligenz der Vögel

gefragt, denn sie sollen den Faden aus dem Gefäß ziehen, um an das Futterstück oder Spielzeug zu gelangen. Ein kniffliger Denkspaß für unsere gefiederten Freunde!

Achtung: Diese Art der Beschäftigung darf nur unter Aufsicht stattfinden und die Öffnung des Gefäßes muss so klein sein, dass der Kopf des Vogels nicht hineinpasst. Ansonsten besteht große Verletzungsgefahr, da die Vögel eventuell versuchen, den Kopf in das Gefäß zu drücken, um so an den begehrten Inhalt zu gelangen.

36. Kleine Kartons – ganz groß!

Handliche kleine Kartons und Schachteln, wie sie im Haushalt immer wieder anfallen, lassen sich gut mit Holzklötzchen, kleinen Zapfen oder auch nur mit Papierschnipseln befüllen. Gut verschlossen, stellen solche kleinen Schachteln eine – besonders akustisch – interessante Beschäftigungsmöglichkeit für unsere Krummschnäbel dar.

37. Ein Schnabel als Spürnase

Einige Spielsachen aus dem Bereich der Vierbeiner, insbesondere solche, die die Intelligenz ansprechen und fördern sollen, lassen sich hervorragend zu einem Vogelspielzeug umfunktionieren. Das abgebildete Beispiel zeigt eine pfiffige Idee, kleine Leckereien „aufspüren" zu lassen.

Das beidseitig verwendbare Spielzeug hat je Spielfläche mehrere Vertiefungen, in denen Pellets, Walnussstücke, Rosinen, Erdnüsse oder Ähnliches versteckt werden können. Mittels Verschieben oder Anheben der Abdeckungen gelangen die Vögel an die begehrten Leckerbissen.

38. Leckerball

Dieser robuste, handliche Ball gehört eigentlich in das Spielzeugsortiment von Katzenfreunden. Der Futterball wird mit kleinen Leckerlis wie etwa Erdnüssen oder Pinienkernen befüllt, welche dann

Oben: der „Leckerball" …

wird mit Begeisterung gerollt.

Links oben: Mit Nüssen gefüllt stellen die kleinen Kartons vor allem einen akustischen Anreiz dar.

Links unten: Intelligenzspielzeug.

Oben: befüllter „Nagertunnel“

Rechts oben: Der Graupapagei sucht seinen Pfleger.

Rechts unten: Die Blumenampel – ein beliebter Platz in dieser Nymphensittichgruppe.

beim Herumrollen des Balles aus den Öffnungen fallen.

Andere Beschäftigungsmöglichkeiten für unsere gefiederten Freunde wird man aus dem Repertoire der Katzenspielzeuge kaum finden. In der Regel ist dieses ungeeignet, da Material und Größe den Krummschnäbeln keinesfalls standhalten. Eine immense Gefahr besteht durch das Verschlucken von Kleinteilen!

39. Ein Tunnel nur für Nager – von wegen!

Diese mit mehreren Löchern ausgestatteten hölzernen „Tunnel“ sind über den Zoofachhandel zu beziehen; man kann Spielzeug solcher Art mit dem nötigen handwerklichen Geschick aber auch leicht selbst herstellen. Ein Nagertunnel ist ein wahres „Allroundspielzeug“ für unsere Papageien und Sittiche. Lediglich hindurchkrabbeln wie ein Nager, das können sie natürlich nicht.

40. Versteckis

Erinnern Sie sich noch an dieses wunderbare Spiel aus Ihrer Kindheit? Allzu knifflig müssen die „Verstecke“ gar nicht sein, wenn Sie mit Ihren Krummschnäbeln spielen.

Ducken Sie sich beispielsweise hinter dem Sofa, strecken Sie dann kurz den Kopf nach oben und rufen „Kuckuck“, um die Tiere auf sich aufmerksam zu machen. Dann „verstecken“ Sie sich wieder. Spätestens beim zweiten Mal werden die Vögel interessiert zu Ihnen kommen. Sobald Ihre Vögel Sie „gefunden“ haben, bringen Sie Ihre Freude darüber groß zum Ausdruck. Ihre gefiederten Freunde werden begeistert mitmachen, wenn Sie merken, dass Sie ebenfalls mit großer Freude bei der Sache sind.

Wenn Ihre Vögel außerordentlich zahm sind, können Sie sich auch mal unter einer Wolldecke „verstecken“.

Clickertraining

– hier sieht man, wie der Graupapagei in die Spitze des Target-Sticks kneift.

41. Blumenampel einmal anders

Eine unbepflanzte Blumenampel lässt sich wunderbar in einen Spiel- oder Ruheplatz für Sittiche und kleinere Papageien umfunktionieren. Den Boden der Blumenampel können Sie gut mit Einstreu oder Papierschnipseln befüllen, um einen behaglichen Untergrund zu schaffen. Kleine Lederbänder oder Glöckchen bieten einen zusätzlichen spielerischen Anreiz: ein ausgefallener, aber dennoch leicht zu realisierender Spielplatz, der zum Toben, aber auch zum gemütlichen Verweilen einlädt.

42. Clickertraining

Sehr populär geworden ist das Clickertraining bereits vor einigen Jahren in der Hundehaltung. Mittlerweile erfreut sich diese aus Amerika stammende Art des Trainings und der Beschäftigung auch in der Heimvogelhaltung immer größerer Beliebtheit.

Das Clickern soll in erster Linie dazu dienen, ganz bestimmte – von uns erwünschte – Verhaltensweisen mittels positiver Verstärkung zu fördern. Gleichzeitig bietet es aber auch eine willkommene Abwechslung und stellt einen angenehmen Zeitvertreib im Alltag Ihrer gefiederten Pfleglinge dar. Mit dem Clickertraining verbinden Sie also die Förderung gewünschten Verhaltens mit einfallsreicher geistiger Beschäftigung.

Sie fragen sich, wozu der „Click" benötigt wird und ob es nicht ausreicht, Ihren Vogel ohne diesen zu belohnen, wenn er etwas Erwünschtes getan hat? Die Bezeichnung „Click and Treat" (Click und Leckerchen), wie das Clickertraining auch genannt wird, erklärt schon ein Stück weit, warum das Geräusch, also der Click, so wichtig ist. In dem Moment, in dem der Vogel ein gewünschtes Verhalten zeigt, drücken Sie den Clicker. Anschließend belohnen Sie das Tier. Bis zum Erhalt der Belohnung vergehen einige Sekunden – der Click aber erfolgt zeitgleich mit dem gewünschten Ver-

Der Grünwangen-Rotschwanzsittich

beobachtet interessiert die ungewohnte Umgebung.

halten. Der Vogel versteht somit schnell den Zusammenhang zwischen Verhalten, Click und Belohnung.

Das Click-Geräusch ist also die Verbindung zwischen dem gewünschten Verhalten oder der gewünschten Situation und der Belohnung dafür.

Die Belohnung mit etwas, das der Vogel besonders gerne mag, ist sehr wichtig – das Tier soll merken, dass es sich lohnt, dieses oder jenes Verhalten zu zeigen.

Um das Training ausbauen zu können, benötigen Sie einen sogenannten „Targetstick". Das Wort Target stammt aus dem Englischen und bedeutet „auf etwas zielen" oder auch „Zielsetzung". Sinn und Zweck ist es, den Vogel dazu zu bringen, in die Spitze dieses Stöckchens zu kneifen. Auch hier ist die Vorgehensweise die gleiche wie bei der Verstärkung aller erwünschten Verhaltensweisen: Der Vogel kneift in den Stick – Click – Belohnung. Sehr schnell werden Sie feststellen, dass der Vogel dem Stick folgt bzw. dorthin gelangen will, wohin Sie die Spitze des Targetsticks platzieren, denn der Vogel versteht rasch, dass dann die ersehnte Belohnung auf ihn wartet. Spielerisch können Sie so beispielsweise erreichen, dass Ihr Vogel auf Ihre Hand steigt oder aber auch auf eine Küchenwaage – um das Gewicht des Tieres kontrollieren zu können.

Das Clickertraining ist nicht schwer. Dennoch sollten Sie sich zunächst eingehend mit der Thematik befassen, bevor Sie mit dem Training beginnen. Hierfür stehen Ihnen umfangreiche Informationen im Internet sowie spannende Lektüre aus dem Fachhandel zur Verfügung.

43. Ausflüge

Ein Ausflug in die freie Natur oder zu Bekannten stellt nicht nur für uns eine willkommene Abwechslung dar, sondern auch für unsere gefiederten Kameraden.

Sie planen ein Picknick im Grünen oder einen Besuch bei Verwandten? Prima, dann nehmen Sie doch einfach Ihre Vögel im Transportkäfig mit. So geben Sie Ihren Tieren die Möglichkeit, etwas Neues zu entdecken. Die Vögel lernen auf diesem Wege eine andere Umgebung kennen und können ganz viele neue Eindrücke auf sich wirken lassen.

Wir sollten uns immer wieder ins Gedächtnis rufen, dass wir unseren Vögeln – was die tägliche

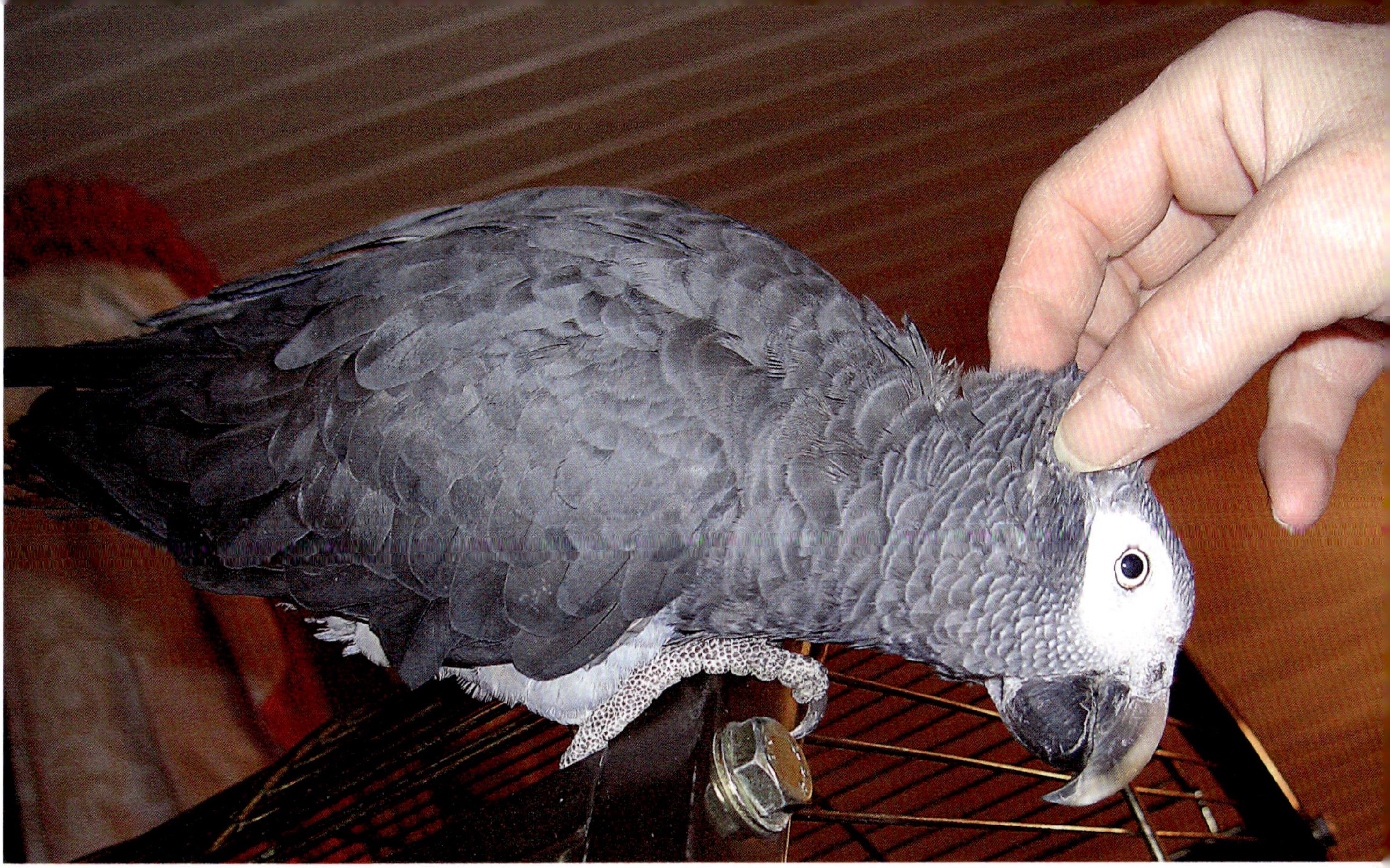

Umgebung anbelangt – kaum Neues bieten können. Ein Ausflug von Zeit zu Zeit bringt also eine erfrischende Abwechslung in das Leben unserer klugen Federfreunde.

Zu Beginn zeigen sich Papageien und Sittiche in einer fremden Umgebung oft noch unsicher, vor allem, wenn sie so einen Ausflug noch nie gemacht haben. Jedoch entspannen sich die Tiere in der Regel, sobald sie eine Weile vor Ort sind. Zum einen gibt die Anwesenheit des Pflegers ihnen Sicherheit, und zum anderen überwiegt rasch die Neugier. Sollten Sie aber das Gefühl haben, Ihre Pfleglinge sind von dieser Art der Abwechslung ganz und gar nicht begeistert, lassen Sie die Tiere besser zu Hause! Es gibt durchaus Vögel, die ihre gewohnte Umgebung äußerst ungern verlassen, sei es aus Verlustängsten oder weil sie nicht gerne transportiert werden. Das sollten wir als Halter in jedem Falle respektieren, um die Tiere nicht unnötigem Stress auszusetzen. Auch ich habe ein Graupapageiweibchen, welches den Transporten äußerst skeptisch gegenübersteht, da es sich grundsätzlich während der Autofahrt übergeben muss. Selbst ein Transport mit nahezu „verkehrsbehindernden“ 30 km/h – in erhöhter Position, damit die „graue Dame“ auch alles mitbekommt, was um sie herum geschieht – ist zuviel für das Tier.

Wichtig: Für die Ausflüge bitte einen ausreichend großen Transportkäfig benutzen, denn die Vögel sollen schließlich etwas sehen und erleben können. Vergessen Sie nicht Futter, Leckerlis und Wasser mitzunehmen. Pralle Sonne sollte ebenso vermieden werden wie Zugluft!

44. Besucher

Meine Papageien freuen sich immer sehr über Besuch. Freunde, Bekannte oder Verwandte – jeder kann eine wunderbare und faszinierende Bereicherung im Leben unserer Vögel sein. Das bedeutet für die Tiere andere Gerüche, andere Stimmen, andere Pfiffe und Wörter, die man erlernen kann – und ja vielleicht auch jemand, mit dem man auch ein wenig Schabernack treiben kann.

Nicht jeder Vogel lässt sich von Besuchern kraulen;

Dieser Timneh-Graupapagei genießt es jedoch eindeutig.

Die Panama-Amazonen

lieben die Beschäftigung und das Spiel mit dem Pfleger.

Nach der Rückkehr aus dem letzten Urlaub freute ich mich sehr über die lustigen Anekdoten, die ich seitens der Urlaubsbetreuung hörte. Das Geräusch des „Glas-Einschenkens" wurde von den Vögeln ebenso zum Besten gegeben wie die amerikanische Nationalhymne. Mit „Hallooo" wurden die Betreuer begrüßt und mit „Gelächter" bedacht, wenn ein Futternapf versehentlich zu Boden fiel.

Wenn Sie also das nächste Mal Freunde zu Besuch haben, so lassen Sie diese ganz aktiv mit Ihren gefiederten Freunden reden, singen oder pfeifen. Sie werden sehen, wie aufmerksam die Vögel zuhören und das Gehörte vielleicht zu einem späteren Zeitpunkt wiedergeben.

Überfordern Sie die Vögel jedoch nicht. Die meisten Papageien und Sittiche haben trotz aller Neugier und Wissbegierigkeit ein gesundes Misstrauen. Daher kommt es eher selten vor, dass sich die Tiere dann auch von den „Fremden" anfassen lassen. Wenn Ihre Vögel das nicht möchten, sollten Sie es beim Reden, Pfeifen und Singen belassen, denn die Besucher sollen schließlich etwas Positives darstellen und den Vögeln Abwechslung sowie Freude bringen und sie auf keinen Fall verängstigen.

Tipp: Wenn selten Besuch ins Haus kommt, kann es durchaus sein, dass die Vögel zunächst nicht sonderlich „erfreut" über die „Eindringlinge" sind oder sich sogar schreckhaft zeigen. Haben Sie in diesem Falle Geduld und gehen Sie behutsam vor!

45. Wir - die Papageien- und Sittichhalter

Viele der hier aufgezeigten Beschäftigungsmöglichkeiten beziehen Sie – den Vogelhalter – aktiv mit ein. Das ist gut so, denn wir Halter wollen und sollen nicht nur der Futterbringer und Putzteufel sein. Vielmehr sind wir „Mitglieder des Schwarms", Vertraute und Freunde – und das sollten wir im alltäglichen Trott nicht vergessen.

Ich habe die Erfahrung gemacht, dass täglich 30 bis 60 Minuten intensive Beschäftigung mit mir, dem Menschen, meinen Papageien besser gefällt als ein mehrstündiges, aber oberflächliches „Nebenher".

Nehmen Sie sich ganz bewusst Zeit. Singen Sie mit Ihren Vögeln, pfeifen Sie mit ihnen, werfen Sie Holzklötzchen gemeinsam vom Tisch oder kugeln Sie kleine Bälle über den Fußboden.

Egal, was es ist – Hauptsache, Sie haben gemeinsam Spaß und die Vögel können spüren, dass alle Aufmerksamkeit und Fröhlichkeit in diesen besonderen Minuten ganz ihnen gehören!

Wenn Sie für diese täglichen „Spiel- und Spaßeinheiten" einen speziellen Platz einrichten können, fördert das in jedem Falle die Motivation Ihrer Heimvögel. Begibt man sich an diesen „Spielplatz", signalisiert man den Tieren mit jedem Mal: „Jetzt ist was los, jetzt hat mein Mensch Zeit für mich!".

Auch behinderte Vögel ...

wie dieser Nymphensittich wollen gut gehalten und beschäftigt sein!

Beschäftigung trotz Handicap

Die Pflege und Beschäftigung von krankheits- oder altersbedingt gehandicapten Vögeln ist mindestens genauso aufwendig wie die von gesunden Tieren.

Ihnen nur ein tristes Leben auf den Sitzstangen zu gestatten, das sollte man als verantwortungsbewusster Halter keinesfalls anstreben. Ob flugunfähig, sehbehindert oder anderweitig gehandicapt – die Haltungsbedingungen müssen der Behinderung auf jeden Fall angepasst werden, damit der Vogel sich zum einen nicht verletzen kann und zum anderen die Lebensqualität erhalten bleibt bzw. erhöht wird.

Voliere und Freisitz sollten sehr gut mit Ästen und Zweigen zum Klettern ausgestattet sein, so dass der Vogel immer rasch wieder Halt finden kann, sollte er einmal das Gleichgewicht verlieren. Die Ausstattung mit Seilen und Tauen im mittleren Drittel der Voliere oder auch die Raumgestaltung mit diesen Utensilien außerhalb der Voliere haben sich in der Praxis sehr gut bewährt. Sollte der Vogel doch einmal stürzen, kann er sich daran festhalten und wird im Sturz abgefangen.

Dennoch ist es unerlässlich, den Volierenboden sowie den Boden in der Umgebung des Freisitzes weich zu polstern. Hierfür eignen sich hervorragend Schaumstoffplatten oder Matratzen, die mit Leintüchern vor Verschmutzungen geschützt werden können. Nur Handtücher auszubreiten, das reicht meist nicht aus, um den Untergrund für den Fall eines Sturzes wirklich weich zu polstern.

Die Futterplätze müssen gut für die Tiere erreichbar sein, wenn nötig, richtet man Futterstellen auf dem Volierenboden ein.

Ein Sittichzimmer

– auf die Bedürfnisse flugbehinderter Vögel abgestimmt.

Selbstverständlich freuen sich auch gehandicapte Vögel über Abwechslung im Fütterungsalltag. Obst und Gemüse im Ganzen, auf einem Futterspieß oder versteckt angeboten, stellt auch für sie immer eine willkommene Bereicherung dar – lediglich die gute Zugänglichkeit des Futters muss gewährleistet sein.

Auch alle weiteren Beschäftigungs- und Spielideen, die ich in diesem Buch zusammengetragen habe, können gut in den Alltag von behinderten Heimvögeln integriert werden. Ob frische Äste zum Zernagen, Motorikspielzeug oder Korkröhre – es gibt keinen Grund, die Tiere nicht ausgiebig zu beschäftigen und sie in ihrem Können zu fordern.

Selbstbewusstsein und Stolz sind Eigenschaften, die Papageien und Sittiche von Natur aus haben. Man kann sich gut vorstellen, wie sehr ein behinderter Vogel unter seinen Einschränkungen leidet. Daher ist es wichtig, Veränderungen im Lebensumfeld von behinderten Vögeln stets sehr behutsam vorzunehmen. Insbesondere sehbehinderte Tiere müssen sich auf ihren Tastsinn, ihr Gedächtnis und ihr gewohntes Umfeld absolut verlassen können! Spielzeug oder Äste plötzlich nicht mehr an gewohnter Stelle vorzufinden, hat fatale Folgen für das behinderte Tier.

Das bedeutet jedoch nicht, dass ein bislang im Käfig sein Dasein fristender sehbehinderter Vogel keine Verbesserung seines Lebensumfeldes erfahren darf. Es muss nur alles etwas langsamer, Schritt für Schritt, verändert und dem Vogel die Möglichkeit gegeben werden, sich in Ruhe und mit Unterstützung an die neuen Gegebenheiten zu gewöhnen.

Eine Futterstelle auf dem Boden

– so können auch gehandicapte Vögel das Futter stets problemlos erreichen.

Das oft fehlende Selbstbewusstsein gehandicapter Vögel sollte stets berücksichtigt, die Tiere jedoch keinesfalls ständig bemitleidet werden! Stattdessen empfiehlt es sich, diesen Vögeln mit einer durchweg positiven Einstellung zu begegnen und sie für ihre verbliebenen Fähigkeiten beharrlich zu loben und sie immer wieder darin zu bestärken, diese auch zu nutzen.

Bei flugunfähigen Papageien und Sittichen sollte man deshalb auch nicht den Fehler machen, die Tiere – und sei das Betteln noch so herzzerreißend – ständig auf dem Arm oder der Schulter zu transportieren. Trotz ihres Handicaps können sie meist noch wunderbar klettern oder laufen, und diese Fähigkeiten sollen sie nutzen! Das ist wichtig, um die Tiere so weit wie möglich körperlich fit und aktiv zu halten und sie in ihrem Können zu bestärken.

Hat ein Vogel erst einmal entdeckt, wie gut er den gewünschten Zielort zu Fuß oder kletternd erreichen kann, wird er künftig große Freude daran haben und alsbald nicht mehr ständig um den Transport per Hand oder Schulter betteln.

Ganz besonders genießen behinderte Vögel (wie auch ihre gesunden Artgenossen) den Aufenthalt in einem Freigehege. Bei der Gestaltung gilt es natürlich, dieselben behindertengerechten Kriterien zu beachten wie bei der Einrichtung im Innenbereich. Speziell auf den Schutz der Vögel muss das Augenmerk gerichtet werden, damit Ihre Pfleglinge vor Übergriffen anderer Tiere wie Katzen oder Marder geschützt sind.

Egal, welches Handicap Ihr Vogel aufweist – Beschäftigung und Bereicherung im Lebensumfeld des Tieres sind immer umsetzbar!

Die Brut

gehört bei Vögeln wie diesen Jendayasittichen zum natürlichen Lebenszyklus.

Brut und Aufzucht Umstritten – aber ganz natürlich

Obgleich die Zucht von Sittichen und vor allem von Papageien aufgrund ihrer hohen Lebenserwartung und in Anbetracht der vielen Abgabevögel oft kontrovers diskutiert wird, steht außer Frage, dass die Möglichkeit zur Brut und Aufzucht die nahezu allerbeste und sicherlich die natürlichste ist, um Papageien und Sittiche zu beschäftigen. Deshalb möchte ich auf diese Thematik etwas näher eingehen und Ihnen aufzeigen, warum dieser Zyklus von so großer Bedeutung für unsere gefiederten Freunde sein kann und weshalb eine generelle Abneigung gegenüber Züchtern so sicherlich nicht richtig ist.

Ganz gewiss bin ich kein Befürworter einer massenhaften Produktion handaufgezogener „superzahmer Kuschelvögel", die – dem elterlichen Nest meist allzu früh entnommen – ohne Sozialisierung durch die Elterntiere und Geschwister aufwachsen müssen.

Neben den Schwierigkeiten, welche durch die Aufzuchtmethode nach Eintritt der Geschlechtsreife entstehen können, kommt der natürlichen Beschäftigung – welche die eigenständige Aufzucht der Jungtiere darstelllt – kaum noch eine Bedeutung zu. Der natürliche Zyklus wird bereits kurz nach dem Schlupf durch die Wegnahme der Jungvögel jäh unterbrochen, was die Elterntiere hindert, ihre Instinkte voll auszuleben und ihre Jungen großzuziehen.

Es wäre jedoch fatal, jedem Züchter rein kommerzielle Ziele und eine Vorgehensweise wie eben geschildert zu unterstellen. Wie in jeder Branche gibt es leider auch unter den Vogelzüchtern „schwarze Schafe", doch für die Mehrheit steht

Hier war die Balz erfolgreich:

ein Wellensittichgelege (links) und zwei Junge (rechts).

das Wohl der Tiere im Vordergrund; die Aufzucht der Jungtiere wird ganz selbstverständlich und nahezu gänzlich – oder ausschließlich – dem Brutpaar überlassen.

Je nach Art durchlaufen die Vögel, sobald sie in Brutstimmung kommen, eine Phase, die sie mitunter monatelang vollkommen beschäftigen kann. Bereits während der Balzzeit beginnen die Vögel, sich nahezu ohne Unterlass nur noch mit sich zu beschäftigen. Sobald die Eiablage erfolgt ist, fängt für das Weibchen die Brutphase und für das Männchen bei den meisten Arten die Zeit des „Bewachens" und des Versorgens des Weibchens mit Nahrung an. Nach dem Schlüpfen der Jungvögel intensiviert sich die Arbeit für das Männchen noch erheblich, denn Futter für die immer hungrigen Jungvögel herbeizuschaffen obliegt in der ersten Zeit ausschließlich ihm. Erst wenn das Weibchen die Nisthöhle verlässt, geht auch dieses dazu über, Nahrung für den Nachwuchs zu suchen. Sind die Jungen groß genug, um die Bruthöhle zu verlassen, lernen sie von ihren Eltern das selbständige Fressen, das Fliegen und alles, was sie sonst noch für ihr künftiges Vogelleben brauchen.

Dieser gesamte Zyklus kann bei Papageien ein halbes Jahr und mitunter sogar noch länger in Anspruch nehmen. Das Brutgeschäft der meisten Sitticharten hingegen ist mit etwa sieben bis zehn Wochen von nicht ganz so langer Dauer. Jedoch sind auch sie während dieses Zyklus vollauf beschäftigt, und die Jungvögel verbleiben meist bis zur 14. Woche bei den Elterntieren, so dass auch das Brutgeschäft und die Aufzucht von Sittichen durchaus sehr lang anhaltend sein können.

Wir sehen also, dass die Möglichkeit zur Fortpflanzung Papageien und Sittiche optimal beschäftigen kann. Dennoch sollte das Anbieten weiterer Beschäftigungsmöglichkeiten – wie etwa frische Äste und Spielzeug – neben der Brut und Aufzucht aber keinesfalls außer Acht gelassen werden.

Nicht nur die Heimvogelhalter sind gefragt, wenn es um ein möglichst artgerechtes und in jeder Hinsicht beschäftigungsreiches Haltungssystem geht. Auch – oder gerade – die Vogelzüchter stehen in der Verantwortung und sollten jedem angehenden Heimvogelbesitzer mit gutem Beispiel vorangehen.

Wie sonst kann man einem zukünftigen Vogelhalter vermitteln, wie wichtig es ist, die intelligenten Federfreunde abwechslungsreich zu beschäftigen, wenn man das Wissen darum hat, aber selbst nicht anwendet? Und wenn man bedenkt, dass der „Otto Normalhalter" seinen Pfleglingen kaum die Chance auf Nachwuchs einräumen kann und auch nicht will, gewinnt das Aufzeigen anderweitiger Beschäftigungsmöglichkeiten noch mehr an Bedeutung.

Achtung: Die Zucht von Papageien und Sittichen ist genehmigungspflichtig. Auskunft hierüber holt man sich am besten bei den zuständigen staatlichen Veterinärämtern oder den Züchtervereinigungen.

Eine großzügig gebaute Volierenanlage

kommt den Bedürfnissen der Papageien und Sittiche entgegen.

Beschäftigungsmöglichkeiten in Zucht- und Arterhaltungssystemen

Um Papageien und Sittiche erfolgreich züchten zu können, müssen viele Kriterien berücksichtigt werden. In den letzten zwei Jahrzehnten hat sich für die intelligenten Federfreunde – wie für viele andere Spezies auch – diesbezüglich an vielen Stellen etwas getan. Man hat sich Gedanken gemacht, wie der Lebensraum von Papageien und Sittichen in solchen Haltungssystemen bereichert werden kann. Ungern denkt man heute zurück an eher kahle und triste Unterbringungen, in denen die Tiere wegen mangelnder Beschäftigungsmöglichkeiten ein trauriges Dasein fristeten. Nicht nur Heimvogelhalter kennen stereotype Bewegungen ihrer Pfleglinge – auch in Züchterkreisen und zoologischen Einrichtungen zeigte sich früher sehr oft dieses traurige Bild.

Dass es jedoch „nur" mit der Nachahmung des natürlichen Habitats alleine nicht getan ist, zeigen die Erfahrungen des Loro Parque, über die Rafael Zamora Padrón 2008 in einer Ausgabe der „Papageien" (Arndt-Verlag) sehr ausführlich berichtete. Der Artikel (und die Zeitschrift) kann nur jedem ans Herz gelegt werden, der sich mit der Volierenhaltung oder Zucht von Papageien und Sittichen beschäftigen möchte.

Was heute zum selbstverständlichen Basiswissen gehört, war vor 20 Jahren kaum jemandem bewusst: Vögel benötigen ausreichend Platz, um zu fliegen und sich zu bewegen. Auch – und das war nicht immer so – wird das umfassende Sozialgefüge und Verhalten der Tiere heute mehr und mehr in die Aspekte der Zucht und Pflege mit eingebunden.

Ein weiterer wichtiger Punkt ist, den Tieren – obgleich die Vögel mit Artgenossen zusammenleben –

innerhalb ihres „Lebensraumes“ Voliere immer wieder Abwechslung und Beschäftigungsmöglichkeiten zu bieten. Diesem Aspekt kommt eine sehr hohe Bedeutung zu, insbesondere da die Tiere nicht wie in freier Wildbahn die meiste Zeit des Tages mit der Futtersuche und -aufnahme verbringen können. Dieser „Leerlauf“ will also adäquat ausgefüllt sein.

In Deutschland geht der Tierpark Hagenbeck in Hamburg hier beispielhaft voran, was sicherlich auch den Studien und daraus resultierenden Ergebnissen des Biologen Dr. Ralf Wanker zu verdanken ist. Er hat die Verhaltensforschung bei Hagenbeck übernommen und bezeichnet Papageien als die „Primaten unter den Vögeln“. Untermauert wird diese Aussage durch das Verhalten der beträchtlich großen Gruppe von Grünflügelaras, die bei Hagenbecks in einer hervorragend strukturierten, riesigen Voliere leben. Immer wieder macht sich der Schwarm mit erstaunlichem Geschick und beeindruckender Intelligenz daran, Nüsse oder andere begehrte Leckerbissen aus speziell angefertigten, ständig anders gestalteten Behältnissen zu holen oder andere knifflige Aufgaben – teilweise sogar in Teamarbeit – zu lösen.

Volierengestaltung und -gliederung

Die Platzverhältnisse zu optimieren und somit eine gute Basis für Aktivität und Beschäftigung zu schaffen, stellt oft eine große Herausforderung dar, denn die Größe der Unterbringungen hängt von dem zur Verfügung stehenden Grundstück und weiteren Faktoren ab. Die Aufgabe ist jedoch nicht unlösbar. Wer sich, was die Artenvielfalt seiner Papageien und Sittiche betrifft, etwas einschränkt, kann die Unterbringungen geräumiger und großflächiger gestalten. So profitiert jeder einzelne Vogel von einem größtmöglichen Platzangebot. Insbesondere bei der Haltung von großen Papageien wie Aras und Kakadus ist dies ein nicht zu unterschätzender Faktor, denn diese Vögel benötigen außerordentlich viel Platz zum Fliegen.

Grünflügelaras

im Tierpark Hagenbeck

Bei der Aufteilung der Gehege gilt es auch zu bedenken, dass Jungvögel nach dem Selbstständigwerden ebenso wie andere kleine Gruppen, innerhalb derer sich neue Zuchtpaare finden sollen, ihre eigene, großzügig gestaltete Unterbringung benötigen.

Stanleysittiche

halten sich wie nahezu alle australischen Sittiche und Papageien gerne am Boden auf.

Neben den räumlichen Aspekten sollten die artspezifischen Bedürfnisse der zu pflegenden Vögel bei der Gestaltung der Volieren ebenfalls berücksichtigt werden. Ziehen wir Graupapageien, Rosakakadus oder die breite Palette der australischen Sittiche als Beispiel heran – diese Arten halten sich auch gerne auf dem Volierenboden auf, was zur Folge hat, dass man sich nicht nur über den Luftraum und die mittleren Bereiche der Voliereneinrichtung Gedanken machen muss, sondern auch der Boden als Lebensraum mit einzubeziehen ist.

Der Belag sollte schnell und einfach zu reinigen sein und regelmäßig erneuert werden können. Hygiene ist in der Sittich- und Papageienpflege immer ein wichtiger Aspekt, ganz besonders aber dann, wenn sich die Tiere sehr oft auf dem Boden aufhalten. Hier ist die Gefahr der Aufnahme von Krankheitserregern oder Parasiten besonders hoch, und eine gute Hygiene ist das A und O, um dies so weit wie möglich zu verhindern. Es empfiehlt sich, bei Vögeln, die mit Naturboden in Kontakt kommen, mindestens zweimal jährlich eine Kotuntersuchung durchzuführen, um eine parasitäre Erkrankung frühzeitig zu erkennen und behandeln zu können.

Die richtigen Sitzgelegenheiten an den richtigen Stellen anzubieten – auch das stellt oft eine größere Herausforderung dar, als man zunächst annehmen mag.

Die meiste Zeit ihres Lebens verbringen Papageien und Sittiche auf den angebotenen Sitzmöglichkeiten, folglich kommt der Auswahl und Anbringung eine sehr wichtige Bedeutung zu. Den Tieren sollten immer natürliche Sitzgelegenheiten wie Äste, Baumstämme und robuste Zweige dargeboten werden. Diese können in unterschiedlicher Form und Größe angebracht und bei Bedarf kostengünstig ausgetauscht werden. Das regelmäßige Erneuern von Ästen und Zweigen regt die Vögel zum Benagen und Erkunden an und stellt

Die mittleren und unteren Volieren-bereiche

gilt es ebenso interessant zu gestalten wie die Zonen für die Sitz- und Nistgelegenheiten.

somit eine stets willkommene Art der Beschäftigung dar. Verschieden dicke Äste und Zweige stimulieren die Tiere, sich zu bewegen und ihre Muskulatur entsprechend einzusetzen. Man sollte darauf achten, die Sitzgelegenheiten so anzubieten, dass die Vögel zum einen im Fliegen nicht behindert werden und zum anderen allen Tieren genügend Sitzmöglichkeiten zur Verfügung stehen. In der freien Natur suchen Sittiche und Papageien im Laufe des Tages unterschiedliche Plätze auf; diesen Aspekt gilt es also zu berücksichtigen. Der zur Verfügung stehende Raum kann von den Vögeln umso besser genutzt werden, je mehr Sitzplätze man anbietet – immer aber auch im Hinblick auf den Flugraum, der nicht zu sehr eingeschränkt werden darf.

Auch wäre es fatal, in einer Voliere mit mehreren Tieren nur ein oder zwei hoch angebrachte Sitzgelegenheiten anzubieten. Dadurch würde der Weg für unnötige Konflikte und Streitereien zwischen den dominanten Vögeln geebnet.

Äste und Zweige

in unterschiedlichen Formen.

Arten wie etwa Amazonen, die sich in ihren Bewegungen eher passiv zeigen, können zum Fliegen animiert werden, indem die Äste und Zweige stets so angebracht sind, dass sie nicht ausschließlich kletternd erreicht werden können. Auch empfiehlt es sich, die Höhe der Voliere für die Sitzplätze zu nutzen, um so die Tiere zu animieren, auch einmal hoch oder hinunter statt nur auf einer Ebene zu fliegen.

Neben den „fest verankerten" Sitzplätzen müssen immer auch bewegliche Elemente eingebaut werden, denn in der freien Natur, die wir uns stets zum Vorbild nehmen sollten, gibt es nicht nur unbewegliche Strukturen.

Schaukeln und Seile bieten sich hierfür wunderbar an und ermöglichen den Tieren, ihren Gleichgewichtssinn zu trainieren. Besonders Jungtiere profitieren von dieser Art des Trainings, da sie lernen, ihre Flügel und ihre gesamte Muskulatur einzusetzen. Ausreichende Bewegung wirkt sich sehr positiv auf das Wachstum und die Entwicklung von Jungtieren aus, die so die besten Voraussetzungen haben, zu gesunden, kräftigen Vögeln heranzuwachsen.

Wichtig ist, Seile und Schaukeln in regelmäßigen Abständen auf ihren einwandfreien Zustand zu überprüfen, um unliebsamen Überraschungen vorzubeugen – aufgefaserte Seile sowie rostige oder defekte Aufhängungen stellen eine große Gefahrenquelle dar.

Hilfreich bei der Gestaltung einer Voliere kann die Unterteilung in mehrere Zonen mittels beweglicher Trennwände sein. Die Mobilität dieser Sichtblenden ist ganz entscheidend, denn nur so kann der Einsatz je nach Bedarf variiert werden.

Links: Die Blaukronenamazone …

hat es sich auf einem Tau gemütlich gemacht; solche beweglichen Sitzelemente sind wichtig für die Gesunderhaltung der Vögel.

Der Fächerpapagei

nutzt seine Schaukel nicht nur als Sitzgelegenheit, sondern auch, um sein Nagebedürfnis zu befriedigen.

Sichtblenden sind keinesfalls als Einschränkung anzusehen, vielmehr können sie eine große Unterstützung und Bereicherung während problematischer Phasen sein. Besonders bei Arten, die während der Brutzeit stark zu Aggressionen neigen (wie beispielsweise einige Kakaduarten), kann das Anbringen von Sichtblenden viel zur Beruhigung und Stressreduktion der Tiere beitragen. Ein unterlegener Vogel kann sich so zurückziehen und aus dem Sichtbereich des dominanten Tieres verschwinden. Rein instinktiv beendet ein Vogel seinen Angriff, wenn die direkte visuelle Konfrontation nicht mehr gegeben ist und er den „Gegner" aus den Augen verloren hat.

Es ist also ausreichend, die Trennwände von der Größe her so zu konzipieren, dass die Vögel problemlos unter ihnen hindurch oder neben ihnen vorbeifliegen können.

Auch können die Blenden eingesetzt werden, wenn es an Futterplätzen immer wieder zu Streite-

Sichtblenden in der Voliere

sind bei aggressiven Arten, zu denen auch diese Inkakakadus gehören, wichtig zum Schutz schwächerer Tiere.

reien oder der Unterdrückung rangniederer Tiere kommt. So kann das Futter in mehreren Bereichen angeboten werden, und „Streithähne" sind nicht gezwungen, gemeinsam zu fressen bzw. die unterlegenen Tiere werden nicht von den ranghöheren vertrieben, was immer eine Gefahr in Gemeinschaftsvolieren ist.

Die tägliche Nahrungsaufnahme ist ein sehr wichtiger Bestandteil im Leben der Vögel und sollte für die Tiere immer nur mit positiven Aspekten behaftet sein.

Eine natürliche Einteilung in Zonen kann – auch volierenübergreifend – durch den Einsatz von ungiftigen Pflanzen erreicht werden. Meist ist man allerdings aufgrund der Nagefreudigkeit der meisten Sittiche und Papageien jedoch gezwungen, die Bepflanzung außerhalb der Volieren vorzunehmen.

Pflanzen sind nicht nur für das menschliche Auge eine wahre Freude, sondern stellen auch eine hohe Bereicherung im Leben der gefiederten Pfleglinge dar – insbesondere, da eine abwechslungsreich gestaltete Bepflanzung die doch recht monotone Gitterbegrenzung wunderbar auflockert.

Neben den optischen Reizen bieten Pflanzen, wie eingangs erwähnt, einen natürlichen Sichtschutz, was sich bei territorialem Verhalten positiv auswirken kann. Ebenso spenden Pflanzen an heißen Tagen wohltuenden Schatten, an kühleren Tagen bieten sie eine willkommene Schutzbarriere vor Wind, und ganz allgemein geben sie den Tieren ein gewisses Maß an Sicherheitsgefühl. Besonders nervöse und ängstliche Vögel schätzen eine üppige Vegetation, da sie ihrem Bedürfnis nach Rückzugsmöglichkeit und Schutz sehr entgegenkommt.

Oben: Pflanzen dienen hier als natürliche Sicht- und Schutzbarrieren.

Rechts: Die Weißhaubenkakadus genießen es, in den Kiefernzweigen zu turnen.

In den Innenanlagen versorgen Pflanzen den Raum mit Sauerstoff und verbessern das Klima dadurch ganz erheblich.

Spielzeug

Beschäftigungsutensilien, wie man sie aus der Heimvogelhaltung kennt, spielen in Haltungssystemen, die der Zucht oder Arterhaltung dienen, eine eher untergeordnete Rolle. Die Strukturen in diesem Lebensumfeld orientieren sich eher an dem, was die Natur zu bieten hat, da die Vögel überwiegend unter sich sind und die Interaktion mit dem Menschen nicht im Vordergrund steht.

Typische Beschäftigungsobjekte in der Volierenhaltungs sind Zweige oder Holzblöcke zum Benagen. Idealerweise sollten sie aufgehängt werden, da dadurch die körperliche Aktivität der Sittiche und Papageien erheblich gefördert wird.

Links: Eine Alternative zum Futternapf

Rechts: Frischer Löwenzahn wird von allen Papageien und Sittichen gerne angenommen.

Dennoch sollten durchaus auch Spielobjekte aus dem Fachhandel, wie etwa farbiges Holz- oder Plastikspielzeug, angeboten werden. Mit Sinn und Verstand eingesetzt, bieten Spielsachen aus dem Zoofachhandel eine willkommene Abwechslung. Oft wird jedoch – wie leider auch in der Heimvogelhaltung – wahllos Spielzeug gekauft, um den Vögeln dann ebenso wahllos präsentiert zu werden.

Es ist es ganz entscheidend, sowohl die artspezifischen als auch die individuellen Bedürfnisse seiner Pfleglinge zu kennen und zu berücksichtigen.

Kniffliges Spielzeug, das die Intelligenz der Vögel in hohem Maße fordert, begeistert eher Kakadus als Amazonen. Acrylspielzeug regt den Spieltrieb von Aras oft mehr an, als dies beispielsweise bei Graupapageien der Fall ist. Sie haben für diese Art der Beschäftigung in den meisten Fällen wenig Geduld, langweilen sich schnell mit solchen „unzerstörbaren" Objekten und schenken ihnen alsbald kaum noch Beachtung.

Auch ist es ratsam, sich über den richtigen „Spielplatz" Gedanken zu machen, anstatt das Spielzeug ohne große Überlegungen an nächstbester Stelle anzubringen.

Spiel- und Beschäftigungselemente erfüllen nur dann ihren Zweck, wenn sie den Erwartungen unserer Vögel entsprechen, gut erreichbar sind sowie sinnvoll eingesetzt werden und die Tiere nicht in ihren Flugbewegungen einschränken.

Bereicherung im Futteralltag

Das Aufsuchen von Futterplätzen, die oft kilometerweiten Flüge dorthin, die ständige Wachsamkeit während der Nahrungsaufnahme, um nicht einem eventuell auflauernden Feind zum Opfer zu fallen – das alles ist für frei lebende Sittiche und Papageien völlig normal und nimmt einen großen Teil

ihres Tages in Anspruch. In Menschenobhut entfallen die langen Flüge und die aufwendige Suche nach Nahrung. Möchten wir diesen Zeitanteil möglichst adäquat ausfüllen, so sollten wir Futtermittel niemals nur unter dem Aspekt der Ernährung betrachten. Eine Fülle an Möglichkeiten würde uns dadurch verloren gehen!

Nahrung – individuell und beschäftigend angeboten – stellt für alle Sittiche und Papageien eine echte Bereicherung dar.

Besonders wenn eine große Anzahl an Tieren zu versorgen ist, wird aus der täglichen Fütterung schnell langweilige Routine. Dabei ist es auch bei einer großen Vogelkollektion nicht schwer, Abwechslung in den Futteralltag zu bringen. Beispielsweise können Sträuße von frischem Löwenzahn an unterschiedlichen (auch schwer erreichbaren) Futterstellen angeboten werden. In der Regel sind Papageien und Sittiche von den gelben, wohlschmeckenden Blüten und den saftigen Blättern sehr angetan. Mit großer Begeisterung widmen sich die Vögel auch blühenden Obstbaumzweigen oder jenen, die bereits reife Früchte tragen. Ebereschen- oder Hagebuttenzweige eignen sich besonders gut, um an schwer erreichbaren Stellen angeboten zu werden. Damit lässt sich eine natürliche Nahrungsaufnahme mit sinnvoller Beschäftigung vereinen.

Auch die Zufütterung von Vogelmiere sowie Gräsern und Kräutern bietet eine willkommene Abwechslung und beschäftigt die Tiere auf gesunde Weise. Entsprechende Lektüre, die sich mit der Auswahl und dem Anbau von Vogelfutterpflanzen befasst, leistet umfangreiche Hilfestellung.

Ganze Früchte wie Äpfel, Karotten oder Maiskolben, dargeboten an unterschiedlichen, immer wieder wechselnden Futterplätzen, fördern die physische und psychische Aktivität der Vögel. Die Obst- und Gemüseration auf diese Art anzubieten, stellt eine gute Möglichkeit für die Tiere dar, sich

Links: Der Nymphensittich

muss sich sein Futter selbst erarbeiten.

Rechts: Hier werden Aktivität und Köpfchen von der Panama-Amazone gefordert.

Nistkasten

Nicht alle Vögel akzeptieren von Menschenhand gefertigte Nistgelegenheiten.

intensiv mit der Nahrungsaufnahme zu beschäftigen, statt sich einfach nur am kleingeschnittenen Obst in der Schale zu bedienen.

Brutgeschäft

Zu einem möglichst natürlichen, artgerechten Lebensumfeld gehört das Anbieten von Nistgelegenheiten sicherlich dazu, und die erfolgreiche Nachzucht wird in einem Zucht- oder Arterhaltungsprogramm selbstverständlich angestrebt. Für den Bruterfolg kann eine größere Auswahl der Bruthöhlen – in Bezug auf Ausrichtung und Form – ganz entscheidend sein.

Wir sehen also – angefangen beim Platzangebot über die zur Verfügung stehenden Sitzgelegenheiten bis hin zum angebotenen Nistkasten – die Thematik der größtmöglichen Varianten zieht sich wie ein roter Leitfaden durch das gesamte Haltungs- und Beschäftigungsspektrum.

Neben unterschiedlich gefertigten Brutkästen sollten immer auch Naturstämme angeboten werden, denn nicht alle Vögel akzeptieren „unnatürliche“ Nistgelegenheiten.

Auch ist es wichtig zu wissen, dass in freier Wildbahn die Regenzeit für den Großteil tropischer Vogelarten den Beginn der Brutsaison darstellt. Mit einer Beregnungs- oder Sprenkelanlage kann die „Regenzeit“ simuliert und die Vögel dadurch zur Balz animiert werden. Das regelmäßige Duschen und Baden genießen aber auch Papageien und Sittiche aus anderen Regionen der Erde, und im Hinblick auf die Gesunderhaltung und eine Bereicherung des Vogelalltags sollten „Regenschauer“ nicht nur unter dem Aspekt einer gewünschten Brut nachgestellt werden. Neben dem Einbau einer Berieselungsanlage sollte man ein Außengehege daher – wenn möglich – so konzipieren, dass die Vögel auch einen nicht überdachten Bereich aufsuchen und hier beispielsweise einen warmen Sommerregen genießen können.

Es gibt Vogelarten, die durch Balz- und Paarungsgeräusche von Artgenossen animiert werden, selbst auch zur Fortpflanzung zu schreiten. Im Gegenzug favorisieren manche Spezies eine – auch akustische – Abtrennung vom Gruppengeschehen. Das sind nicht zu unterschätzende Faktoren, die es zu beachten gilt. Der Ursprung ist in dem ausgezeichneten Hörvermögen aller Sittiche und Papageien zu finden.

Ob in freier Wildbahn oder Menschenobhut, instinktiv sind sie Beutetiere und zeigen sich dementsprechend in vielen Situationen sehr achtsam und vorsichtig. Ihr hervorragendes Hörvermögen stellt für die Tiere eine unabdingbare Hilfe dar.

Aufgrund der außerordentlichen akustischen Fähigkeiten verwundert es nicht, dass Papageien und Sittiche den Kontakt zu ihren Artgenossen in erster Linie durch Rufe halten. Das Repertoire reicht von Bettelrufen der Jungvögel über Kontaktrufe, wenn der Partner außer Sichtweite ist, und Alarmrufen bei Gefahr bis eben hin zu Balzlauten, wenn die Vögel in Brutstimmung sind. Die

Stimulation zur eigenen Fortpflanzung, hervorgerufen durch die Balzgeräusche von Artgenossen, ist somit gut nachvollziehbar.

Akustische Hilfsmittel unterstützend einzusetzen, empfiehlt sich jedoch nicht nur während der Brutphase. So können auch Neuzugänge, die sich in der Isolation der Quarantäne oft ängstlich oder apathisch zeigen, mit Hilfe von Tonbandaufzeichnungen beruhigt werden. Die Lautäußerungen von Artgenossen geben dem einzelnen Vogel ein Gefühl der Sicherheit und Gemeinschaft. Das Lebensumfeld und die Haltungsbedingungen können somit auch in dieser Phase positiv gestaltet werden.

Vergesellschaftung mit anderen Arten

Es gibt durchaus Vögel, die – aus welchen Gründen auch immer – mit ihren Artgenossen nicht verträglich sind. Manche verhalten sich so aggressiv, dass eine arteigene Vergesellschaftung nicht möglich ist. Die Tiere deshalb aber ein einsames Dasein ohne die Gesellschaft und Interaktion mit anderen Vögeln fristen zu lassen, sollte keinesfalls angestrebt werden. Oftmals werden Vertreter anderer Arten sehr wohl akzeptiert und eine Vergesellschaftung ist auf diese Weise möglich, insbesondere, wenn es gelingt, den Vogel in eine Vogelgruppe zu integrieren.

Sich vorab über die Eigenschaften und Verhaltensweisen der verschiedenen Papageien- und Sittich-Spezies mittels Fachlektüre sowie durch Gespräche mit Züchtern und anderen Vogelhaltern zu informieren, sollte selbstverständlich sein. Hingegen unvorbereitet zu experimentieren kann fatale Folgen haben. Während viele Arten in der Gruppe verträglich sind, sollte man es mit anderen gar nicht erst probieren.

Doch das Wissen um die unterschiedlichen Bedürfnisse alleine reicht nicht aus, um einer gemischten Haltungsform in der Gruppe gerecht zu werden. Genügend Freiraum und damit Ausweich- und Rückzugsmöglichkeiten für jeden Vogel zu schaffen, stellt eine Grundvoraussetzung dar. Dieser Aspekt gewinnt noch mehr an Bedeutung, wenn nicht nur die Vergesellschaftung zweier Individuen, sondern die Haltung einer gemischten Vogelgruppe angestrebt wird.

Grünzügelpapagei und Rotscheitelsittiche:

So friedlich kann es einhergehen – wenn ausreichend Platz vorhanden ist.

Die Gehege müssen hierfür wirklich sehr groß sein, um allen Paaren und Kleingruppen genügend Sitz- und Beschäftigungsmöglichkeiten bieten und somit allen Tieren gerecht werden zu können. Sind die Platzverhältnisse zu beengt, kommt es, mehr noch als in arteigenen Gruppen, sehr schnell zu Disharmonie, Dauerstress und Revierstreitigkeiten. Kämpfe und Verletzungen bis hin zu Todesfällen sind dann an der Tagesordnung.

Sachregister

WP-Magazin
Alle zwei Monate am Kiosk - Ihren Vögeln zuliebe
Falls Ihr Händler das WP-Magazin nicht führt, empfehlen wir ein Jahres-Abo (€ 24,- / Abo-Service T.: 07252-957970)

Europas größte Papageienzeitschrift
Mit riesigem Anzeigenmarkt Kostenlos und auch im Internet!
Schnupper-Abo für 3 Monate € 18,70 *
PAPAGEIEN
PAPAGEIEN 7/2010
12-mal im Jahr mehr wissen als andere - Ihren Vögeln zuliebe
PAPAGEIEN Kleinanzeigen 1/2010
Ihre kostenlose Kleinanzeige erscheint sofort im Internet und zusätzlich in der Druckausgabe.
* Jahres-Abo Inland: € 78,60
Inland (Bankeinzug): € 76,00
Ausland: € 86,40
Schnupper-Abo (3 Monate): € 19,65
Herz-Kreislauf-Erkrankungen – Erkennen, Behandeln, Vorbeugen
Probleme bei der Haltung und Zucht von Kakadus
Auf der Suche nach Zenkers Grünköpfchen
Über zwanzig Jahre Zucht mit einem Paar Grünwangenamazonen
Arndt-Verlag • Brückenfeldstr. 28 • 75015 Bretten
Fax: 07252-78224 • E-Mail: info@arndt-verlag.de